极简激光史

陈积芳 主编
胡企铨 编著

上海科学技术文献出版社
Shanghai Scientific and Technological Literature Press

图书在版编目（CIP）数据

极简激光史 / 胡企铨编著．—上海：上海科学技术文献出版社，2020（2022.1 重印）
（领先科技丛书）
ISBN 978-7-5439-8003-7

Ⅰ．①极…　Ⅱ．①胡…　Ⅲ．①激光技术—普及读物　Ⅳ．① TN24-49

中国版本图书馆 CIP 数据核字 (2020) 第 020220 号

策划编辑：张　树
责任编辑：王　珺　詹顺婉
封面设计：留白文化

极简激光史
JIJIAN JIGUANGSHI
陈积芳　主编　胡企铨　编著
出版发行：上海科学技术文献出版社
地　　址：上海市长乐路 746 号
邮政编码：200040
经　　销：全国新华书店
印　　刷：常熟市文化印刷有限公司
开　　本：720×1000　1/16
印　　张：9.25
字　　数：141 000
版　　次：2020 年 6 月第 1 版　2022 年 1 月第 2 次印刷
书　　号：ISBN 978-7-5439-8003-7
定　　价：38.00 元
http://www.sstlp.com

前　言

激光诞生于20世纪60年代初。近六十年来，激光技术发展速度之迅猛、势头之强劲，使它早已深入到我们生活的方方面面。激光器与原子能、计算机和半导体并称为人类20世纪的四大重要发明实为当之无愧。

早在1916年，爱因斯坦提出了受激辐射的概念，奠定了激光技术的理论基础。

1951年，美国物理学家珀塞耳（Edward Mills Purcell）和庞德（R.V. Pound）在实验中成功地实现粒子数反转，获得了每秒50千赫的受激辐射。

1954年，美国物理学家汤斯（Charles Hard Townes）和他的学生肖洛（Arthur Leonard Schawlow）研制成第一台氨分子束微波受激放大器，成功地开创了利用分子和原子体系作为微波辐射相干放大器或振荡器的先例。

到20世纪50年代末，以美国贝尔（BELL）实验室为首，包括通用电气（GE）、国际商用机器（IBM）和麻省理工（MIT）的林肯实验室在内的许多世界著名实验室开展了一场研制激光器的竞赛。最后，美国休斯飞机公司的电气工程师梅曼（Theodore Maiman），于1960年5月16日制成了世界上第一台可运行的红宝石激光器，射出了震惊全世界的第一束激光。

从此，激光技术开始以日新月异的速度发展。从最早"受激辐射概念"的提出，到激光的真正诞生，经历了持续不断的科技创新。

1962年，钱学森先生对激光的发展前景作出了准确的战略判断，并将

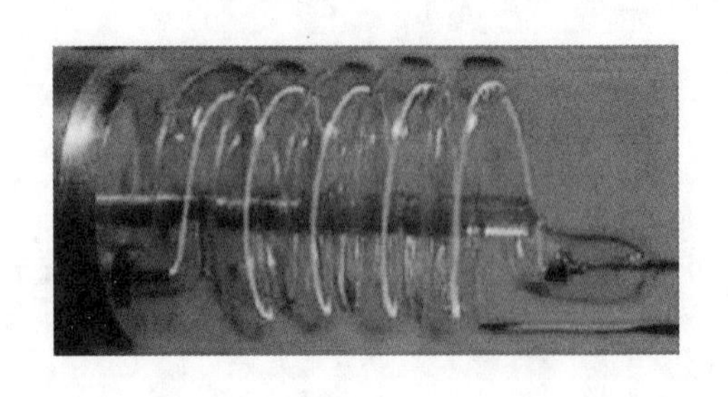

梅曼（左）和他于 1960 年 5 月研制的世界首台红宝石激光器（右）

发展激光技术写入了我国《1963—1972 年十年科学技术发展规划纲要（草案）》中。1964 年，根据他的建议，将英文名词“LASER”（是“Light Amplification by Stimulated Emission of Radiation”的字头缩写，意为“受激发射的辐射光放大”）统一翻译成简洁明了的“激光”一词，这也是汉语物理学名词“激光”的来历。

1961 年 9 月，比世界上第一台激光器出现仅晚一年，中国第一台激光器——红宝石激光器在中国科学院光学精密机械研究所（现为中国科学院长春光学精密机械和物理研究所）成功诞生。

中国第一台激光器之所以能够很快研制成功，与当时中国科学院在光学材料、光学设计与检验、光学薄膜技术、电子学技术、光学与精密机械设计与工艺等方面有较好的人才和技术基础有很大关系。1958 年前，中国科学院

王之江院士（左）和他于 1961 年 9 月研制的中国第一台红宝石激光器（右）

光学精密机械研究所的年轻科技人才已经从应用光学的实践研究中看到了经典光学的局限，产生了改革光源的想法。他们在看到肖洛和汤斯发表的论文后，更加坚定了改革光学的信念，并很快提出了大幅度提高光源亮度、单色性、相干性的设想和实验方案，他们的研究内容和当时国际学术界积极进行的激光研究是合拍的。这应该是中国第一台激光器这么快诞生的直接原因。同时，虽然他们受到了美国学者的启发，但年轻的中国学者并不迷信国外权威，充分发挥了自己的创造性，中国第一台红宝石激光器采用了与国外不同的"直管脉冲氙灯成像照明、外腔和半透明耦合输出，以及直角棱镜与多波片组成的高品质光腔结构"，性能较梅曼发明的世界上第一台红宝石激光器更为优越。

为了抢占科技前沿高地，我国在激光诞生之初，就在中国科学院迅速成立了激光专业研究所：中国科学院光学精密机械研究所上海分所（以下简称"上海光机所"）。

20 世纪 60 年代，中国科学院活跃的学术思想、认真踏实的科学研究作风，使得一大批有关激光科学技术研究的成果相继诞生：

1962 年 4 月，我国第一台钕玻璃激光器，在中国科学院光学精密机械研究所（长春）诞生，1963 年 7 月，我国第一台氦氖气体激光器也在该所诞生；

1963 年 12 月，我国第一台半导体激光器在中国科学院半导体所（北京）诞生；

1963 年 12 月，我国第一台氦氖红外激光器在中国科学院电子所（北京）诞生；

1965 年 9 月，第一台二氧化碳激光器在中国科学院光学精密机械研究所（上海）诞生，等等。

同时，国内不少高等院校和工业部门的研究所、企业也纷纷开展了激光的基础理论和应用研究。一些高校开始建立了相关的学科专业，进行专门人才的培养，为这个新的、有很强生命力的学科在我国的发展，打下了扎实的基础。

我们国家的领导人、老一辈科学家以及中国科学院领导，在我国"激光"

科学技术的发展、规划布局上，具有很高的前瞻性和敏锐性。在他们的准确领导和大力支持下，我国的激光科学技术和应用研究以和国际先进水平几乎同步的速度发展着，呈现出一片欣欣向荣、百花齐放的大好形势。

改革开放以后，在多个国民经济和社会发展“五年计划”中，在“863”国家高技术研究发展计划、“973”国家重点基础研究发展计划和若干个国家科技重大专项工作中，都将有关激光的攻关项目和课题列入其中。激光科学技术的发展，继续得到国家的大力支持。在激光领域工作的广大科技工作者，更是奋发图强，努力创新，取得了一大批代表国际激光科技前沿水平、服务国家、造福人民的出色成果。他们为祖国争得了荣誉，也获得了从全国科学大会奖到国家科技奖的许多个国家级大奖。

同时，我国也扩大了和世界各国在该领域的科学技术交流和合作。先后有来自美国、法国等国家的多位获得诺贝尔物理学奖的科学家到访我国，进行学术交流。并多次在我国上海、北京等地，组织召开有关激光科学技术的国际学术会议。

激光科学诞生的几十年来，我国激光技术及其应用研究在超短超强激光器件、高功率激光系统、激光材料、深紫外激光、量子通信等方面一直处于世界的前列。我国性能先进的高功率激光系统还首次实现了对发达国家的高

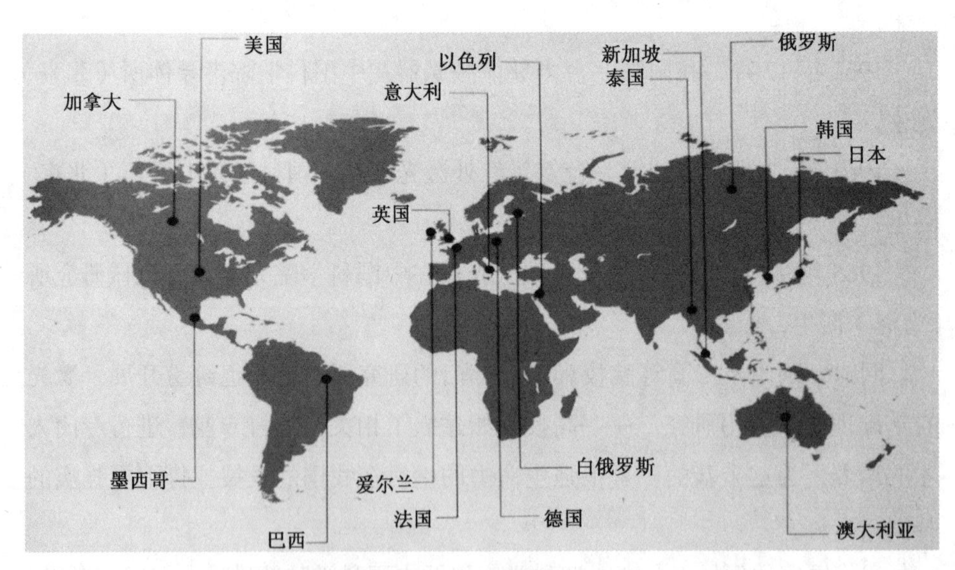

与我国在激光领域开展国际合作的部分国家

A

B

C

D

E

F

由A至F分别为六位诺贝尔物理学奖得主访问中国科学院有关研究所：A查尔斯·哈德·汤斯教授（右），B尼古拉斯·布隆伯根教授（前排右二），C苏联科学院普通物理学研究所普罗霍洛夫教授（右二），D美国斯坦福大学朱棣文教授（右），E法国法兰西学院和巴黎高师克劳德·科恩–塔诺季教授（右二），F美国国家标准局约翰·霍尔教授（左）。

2009年中国科学院上海光机所和以色列原子能研究中心在沪签订国际合作框架协议

技术出口。

随着激光技术的不断发展，激光已为世界各国的社会经济发展作出了重要贡献。

据统计，激光技术所辐射的产业在2010年仅美国市场就达到7.5万亿美元。在中国，激光产业也已经成为国民经济发展中的新兴产业，形成了以武汉、长春、深圳等地为代表的光谷产业集群。据预测，中国还将成为国际激光工业应用的最大市场。激光产业是科技发展与国计民生融合的典范。短短的几十年中，激光已深入到人类社会的各个角落，激光与我们的生活已密不可分，激光让生活更美好。激光未来的发展还将不断印证：只有将科技应用于国计民生，创造美好生活，才能实现其真正价值，并产生持久的推动力。

目录

—

第一章　激光是什么

一、激光是人类从科学思想到科学技术不断创新的产物

1916 年，爱因斯坦提出受激辐射的概念，奠定了激光的理论基础。1951 年，美国物理学家珀塞耳和庞德在实验中成功地实现粒子数反转，获得了每秒 50 千赫的受激辐射。1954 年，美国物理学家汤斯制成第一台氨分子束微

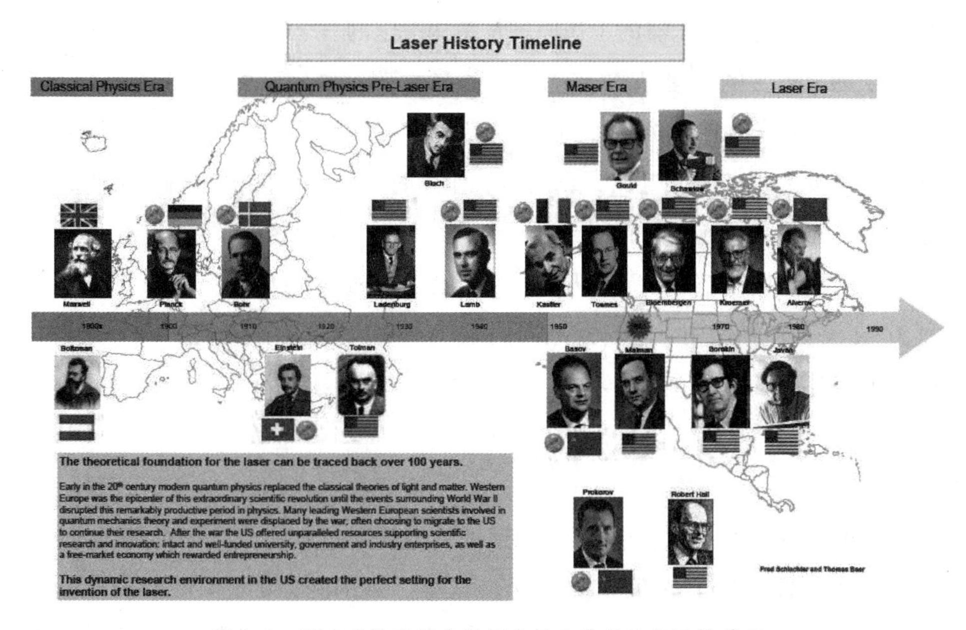

图 1-1　激光发展的历史进程中作出重要贡献的科学家

波激射器，成功地开创利用分子和原子体系作为微波辐射相干放大器或振荡器的先例。到20世纪50年代末期，以贝尔实验室为首，许多世界顶尖实验室都卷入了一场激烈的激光器研制竞赛。最终，美国休斯飞机公司的电气工程师梅曼于1960年5月16日制成了世界上第一台可运行的红宝石激光器。从最早“受激辐射概念”的提出，到激光的真正诞生，是45年，如果把经典物理发展期也算上，甚至可以说，激光是百年人类科学技术持续创新的结果（见图1–1）。在激光领域作出过贡献的科学家，获得过诺贝尔奖的就有十几位。

二、激光的生成原理和特点

激光发明之前，普通的光源，例如一个灯泡，发出的光线是射向四面八方的。它发射的光子光谱范围很宽，像太阳一样，没有相干性，亮度也不高。那时，为了提高普通光源发射的方向性和亮度，生成像手电筒或汽车前灯那样的光束，需要采用聚光镜等设备，但效能有限。如果要生成像多彩的舞台灯光或交通信号灯那样的光线，普通光源只能依靠滤光片来实现。

激光发明之后，激光器产生的激光具有很好的单色性、相干性、方向性和高亮度。这是由激光器的工作原理及结构决定的。

1. 激光产生的原理

普通常见光源的发光（如电灯、火焰、太阳等地发光）是由于物质在受到外来能量（如光能、电能、热能等）作用时，原子中的电子就会吸收外来能量而从低能级跃迁到高能级，即原子被激发。这种被激发的过程是一个“受激吸收”过程。处在高能级（E_2）的电子寿命很短（一般为10^{-9}—10^{-8}秒），在没有外界作用下会自发地向低能级（E_1）跃迁，跃迁时将产生光（电磁波）辐射。辐射光子能量为：

$$hv = E_2 - E_1$$

这种辐射称为“自发辐射”。原子的自发辐射过程完全是一种随机过程，各发光原子的发光过程各自独立，互不关联，即所辐射的光在发射方向上是无规则地射向四面八方，并且未位相、偏振状态也各不相同。由于激发能级有一个宽度，所以发射光的频率也不是单一的，而是有一个范围。

在通常热平衡条件下，处于高能级 E_2 上的原子数密度远比处于低能级的原子数密度低。

要使原子发光，必须外界提供能量使原子到达激发态，所以普通的发光是包含了受激吸收和自发辐射两个过程。一般说来，这种光源所辐射光的能量是不强的，加上向四面八方发射，使能量更分散了。

受激辐射和光的放大

由量子理论知道，一个能级对应电子的一个能量状态，电子能量由主量子数 n（$n = 1, 2, \cdots$）决定。但是要描述原子中电子运动的实际状态，除能量外，还有轨道角动量 L 和自旋角动量 s，它们都是量子化的。严格的能量量子化以及角动量量子化都可由量子力学理论来推导。

量子理论告诉我们，电子从高能态向低能态跃迁只能发生在满足选择规则的两个状态之间。如果不满足选择规则，则跃迁的概率很小，甚至接近零。在原子中可能存在这样一些能级，我们称之为亚稳态能级。一旦电子被激发到这种能级上，由于不满足跃迁的选择规则，可使电子在这种能级上的寿命很长，不易自发跃迁到低能级上。但是，在外加光的诱发和激励下可以使其迅速跃迁到低能级，并放出光子。这种过程是被“激”出来的，故称“受激辐射”。

受激辐射的概念是由爱因斯坦于 1916 年在推导普朗克的黑体辐射公式时第一个提出来的。他从理论上预言了原子发生受激辐射的可能性，这是激光的物理基础。

受激辐射的过程大致如下：原子开始处于高能级 E_2，当一个外来光子所带的能量 $h\nu$ 正好为某一对能级之差 $E_2 - E_1$ 时，则这原子可以在此外来光子的诱发下从高能级 E_2 向低能级 E_1 跃迁。这种受激辐射的光子有显著的特点，就是原子可发出与诱发光子全同的光子，不仅频率（能量）相同，而且发射方向、偏振方向以及光波的相位都完全一样。于是，入射一个光子，就会出射两个完全相同的光子（见图 1–2）。这意味着原来光信号被放大。这种在受激过程中产生并被放大的光，就是激光。

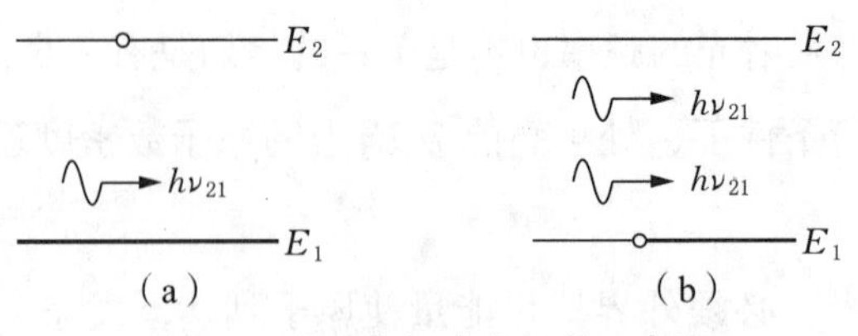

图 1-2　原子能级受激辐射示意图

粒子数反转

一个诱发光子不仅能引起受激辐射，而且它也能引起受激吸收，所以只有当处在高能级的原子数目比处在低能级的还多时，受激辐射跃迁才能超过受激吸收。要使原子体系发射激光而不是发出普通光的关键在于，处在高能级的发光原子数目比低能级上的多，这种情况称为粒子数反转（见图 1-3）。但在热平衡条件下，原子几乎都处于最低能级（基态）。因此，如何从技术上实现粒子数反转则是产生激光的必要条件。

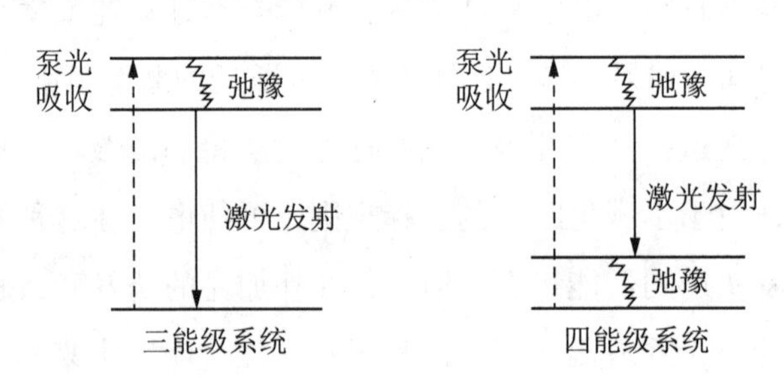

图 1-3　原子能级系统粒子数反转示意图

2. 激光器的基本结构

激光器一般由激光工作介质、激励源和谐振腔三个部分构成（见图 1-4）。

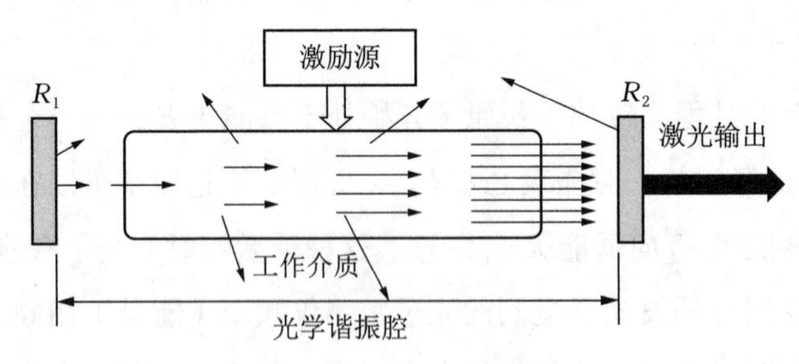

图 1-4　激光器结构示意图

激光工作介质

激光的产生必须选择合适的工作介质，可以是气体、液体、固体或半导体。在这种介质中可以实现粒子数反转，以创造获得激光的必要条件。显然亚稳态能级的存在，对实现粒子数反转非常有利的。现有激光工作介质近千种，可产生的激光波长包括从真空紫外到远红外，非常宽广。

激励源

为了使工作介质中出现粒子数反转，必须用一定的方法去激励原子体系，使处于上能级的粒子数增加。一般可以用气体放电的办法，用具有动能的电子去激发工作介质原子，称为电激励。也可用特种光源来照射工作介质，称为光激励。还有热（核）激励、化学激励等。各种激励方式被形象化地称为泵浦或抽运。为了不断得到激光输出，必须不断地“泵浦”以维持处于上能级的粒子数比下能级多。

谐振腔

有了合适的工作介质和激励源后，可实现粒子数反转，但这样产生的受激辐射强度还很弱，无法实际应用。于是人们就想到了用光学谐振腔进行放大。所谓光学谐振腔，实际是在激光工作物质两端，面对面装上两块反射率很高的镜子，一块对光几乎全反射，另一块对光大部分反射、少量透射，使激光可透过这块镜子而射出。被反射回到工作介质的部分光，继续诱发新的受激辐射，从而光被放大。因此，光在谐振腔中来回振荡，造成雪崩似的放大反应，产生强大的激光，从部分反射镜子一端输出。

3. 激光的特点

激光的第一个特点是：单色性，颜色最纯。

在自然界中几乎找不到波长单一的光源，我们看到的太阳光可分解成红、橙、黄、绿、青、蓝、紫七种彩色，不同颜色的光，它们的波长是各不相同的。实际上太阳光的光谱分布从紫外到红外，由各种波长的光混合在一起的。科学家们长期以来一直努力寻找一种波长单一的单色光源，激光器就是这种理想的单色光源。拿氦氖气体激光器来说，它射出的波长宽度不到一千亿分之一米（0.01 纳米），是极纯的单色光。

激光的单色性可以用激光谱线线宽（单位：纳米）来度量，也可以用激光频率带宽（单位：赫兹）来度量。

激光的第二个特点是：相干性极好。

如果将池中的水激起水波，并使这些水波的波峰与波峰相叠加时，水波的起伏就会加剧，这种现象叫干涉，能产生干涉现象的波叫相干波。激光是一种相干光波，它的波长、位相等都一致。物理学家通常用相干长度来表示光的相干性，光源的相干长度越长，光的相干性越好。而激光的相干长度好的可达几十千米，一般也可达几十米。因此，如果将激光用于精密测量，它的最大可测长度、可测精度要比普通单色光高好多个数量级。

激光相干性用激光相干长度（单位：米）来度量。

激光的第三个特点是：方向性最集中。

当我们按亮手电筒或打开汽车前灯时，看上去它们射出的光束在方向上似乎也很集中，但实际上，当光束射到一定距离后，很快就散开了。唯有激光才是方向一致、发散最小的光。一般激光器发出的激光束发散角仅 10^{-4}—10^{-2} 角秒，如果将激光束从地球射向月球，可以在那里留下一个半径仅为几千米的光斑区。

激光方向性的度量有多种不同的定义和测量方法，通常用以激光束的束腰和激光束截面之比 M^2 来度量，也有简单地以光束发散角（单位：角秒）来度量。

激光的第四个特点是：高亮度。

因为激光器发出的激光集中在沿光束轴线方向的一个极小空间立体角内（仅 10^{-4}—10^{-2} 度），激光的亮度就会比同功率的普通光源高出几万亿倍。再加上激光器能利用特殊的脉冲压缩技术，在极短的时间内（比如一万亿分之一秒）辐射出巨大的能量，激光可以比太阳还要亮百亿倍。梅曼研制的世界上第一台红宝石激光器，它发射出的深红色激光是太阳亮度的四倍。近年来研制出的超强超短脉冲激光系统，可比太阳表面亮度高出一百亿倍以上！

三、激光的大千世界

目前激光器的种类很多，激光的大千世界中有各种各样不同的激光器。但大致可以按以下几种方法来分类：

按激光工作介质物态的不同，我们可把所有的激光器分为以下几大类：

固体激光器（包括晶体、玻璃和光纤等）——这类激光器所采用的工作介质，是通过把能够产生受激辐射作用的金属离子掺入晶体、玻璃基质或光纤的纤芯中，构成发光中心而制成的。

其中光纤激光器又可以分为单光纤激光器和多光纤耦合激光器。单光纤激光器，顾名思义就是由一根光纤导出激光。多光纤耦合就是把多根单光纤激光器的光纤耦合到一根更粗的光纤里面去，这样可以提高总的输出功率。单光纤激光器加工方便，成本低，光电转换效率高，但是激光输出功率小，匀化效果差。多光纤耦合激光器整体输出功率高，匀化效果好，但是体积大，加工工艺复杂，成本高昂，因为多光纤耦合过程中激光存在损耗，整体光电转换效率较低。

气体激光器——这类激光器所采用的工作介质是气体。根据气体中真正产生受激发射作用之工作介质粒子性质的不同，可进一步分为原子气体激光器、离子气体激光器、分子气体激光器和准分子气体激光器等。

液体激光器——这类激光器所采用的工作介质主要包括两类：一类是有机荧光染料溶液，另一类是含有稀土金属离子的无机化合物溶液，例如用钕离子（Nd^{3+}）作工作粒子，无机化合物液体氧氯化硒（$SeCl_2O$）作基质。

半导体激光器——这类激光器是用某种半导体材料做工作介质来产生受激光发射作用。其原理是通过一定的激励方式（例如：电注入、光泵或高能电子束注入），在半导体物质的能带之间或能带与杂质能级之间，通过激发非平衡载流子而实现粒子数反转，从而产生光的受激发射。

自由电子激光器——这是一种特殊类型的激光器，它的工作介质为在空间周期变化磁场中高速运动的定向自由电子束。只要改变自由电子束的速度就可产生可调谐的相干电磁辐射，原则上其相干辐射谱可从 X 射线波段一直到微波区域，因此具有很诱人的应用前景。

按激励能源方式来区分，激光器又可分为光泵浦、电激发、化学能激发和热（核）能激发等不同种类。其中，化学激光器是一类特殊的气体激光器，它利用化学反应所释放的能量来使工作介质粒子处于激发态。在特殊情况下，它会有足够数量的原子或分子被激发到某个特定的能级，形成粒子数反转，以致出现受激发射而产生激光。

按工作方式区分，激光器又可分为连续型和脉冲型两种。其中每一种激光器又可包含上述的许多不同类型激光器。

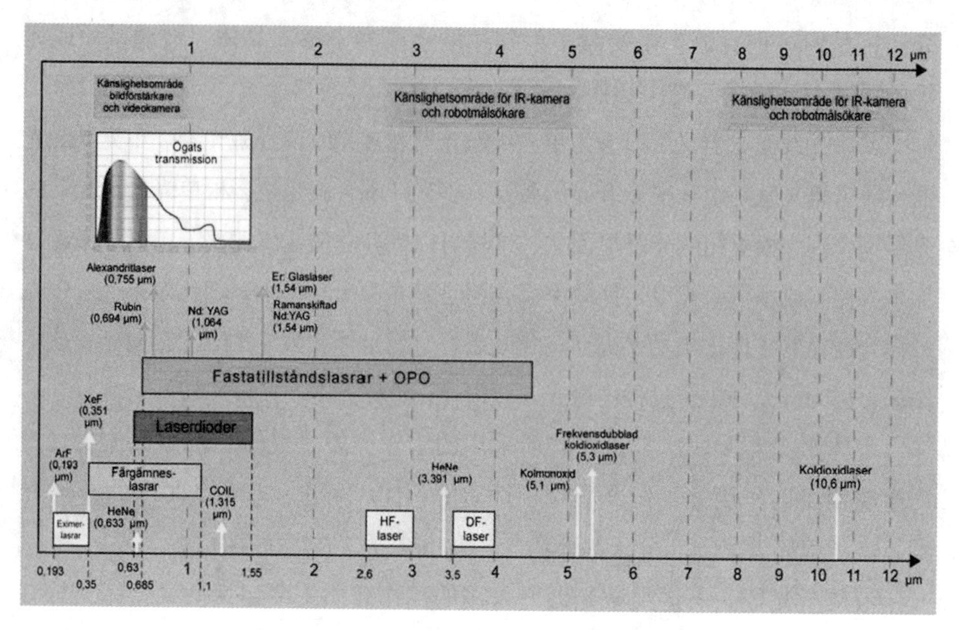

图 1–5　各种激光器的激光波长分布

按激光器的能量输出又可以分为大功率激光器和小功率激光器。大功率激光器的输出功率可达到兆瓦、拍瓦量级，而小功率激光器的输出功率仅有几毫瓦，甚至是微瓦量级。

对激光产品还可**按激光产品的危险等级来分类**。

这种分类则以该激光产品系统对人体造成伤害的程度为界定指标。分类从第Ⅰ类激光（无伤害）到第Ⅳ类激光器（如千瓦级二氧化碳激光器，可以切割厚钢板）。制造商必须在第Ⅱ类、第Ⅲ类和第Ⅳ类激光产品上贴有带激光危险等级分类字样的警告标签。对消费者来说，看清激光产品的危险等级分类很重要。

第Ⅰ类激光产品没有生物性危害。这类产品任何可能观看到的光束都是被屏蔽的，且在激光暴露时，激光系统一定是互锁的。

第Ⅱ类激光产品输出功率小于 1 毫瓦。这类产品不会灼伤皮肤，不会引起火灾。由于眼睛的反射可以防止一些眼部损害，所以这类产品不被视为危险的光学设备。但在这类产品上，应放置黄色警告标签。

第Ⅲa 类激光产品输出功率从 1 毫瓦到 5 毫瓦。这类产品不会灼伤皮肤。

但在某种条件下，这类产品可以对眼睛造成致盲以及其他损伤。

第Ⅲb类激光产品输出功率从5毫瓦到500毫瓦。在功率比较高时，这类产品能够烧焦皮肤。这类产品明确定性为对眼睛有危害，尤其是在功率比较高时，将造成眼睛损伤。

第Ⅳ类激光产品输出功率大于500毫瓦。这类产品一定能够造成眼睛损伤。就像灼烧皮肤和点燃衣物一样，激光能够引燃其他材料。

四、我国研制的几种重要的激光器

高能钕玻璃激光器

1969年，我国高能氙灯泵浦钕玻璃激光器输出能量达到33.8万焦耳。图1-6示为当时研制成功的世界最长钕玻璃激光棒（ϕ120 mm × 5040 mm）及部分试验装置。

高能和大功率激光器的研制推动了当时中国激光科学技术的一些重要领域达到国际先进甚至领先的水平，为我国激光科学技术（特别是强激光科学技术）

我国研制的世界最长钕玻璃激光棒（ϕ120 mm × 5040 mm）

图 1-6　高能钕玻璃激光器（1964 年—1975 年）

的长远发展奠定了理论、实验、总体与单元技术基础，进一步促进了激光在我国国防、科学技术和工农业中更为广泛的应用，培养了一大批激光科技专家。

高功率钕玻璃激光装置

中国科学院、中国工程物理研究院高功率激光物理联合实验室从 20 世纪 80 年代起，先后完成了“神光Ⅰ”“神光Ⅱ”系列高功率激光装置建设，为高能密度物理前沿研究和国家高技术研究发展提供了核心战略支撑。1986 年建成的“神光Ⅰ”装置（激光 12 号实验装置）标志着我国激光惯性约束聚变（ICF）五位一体实验研究的重大突破，获 1990 年度国家科学技术进步奖一等奖。2001 年建成的“神光Ⅱ”装置和 2005 年成功研制国内唯一的多功能探针系统，以及 2017 年通过验收的“神光”驱动器升级装置则成为我国 ICF 研究核心快点火与先进闪光照相能力综合研究平台（见图 1-7）。

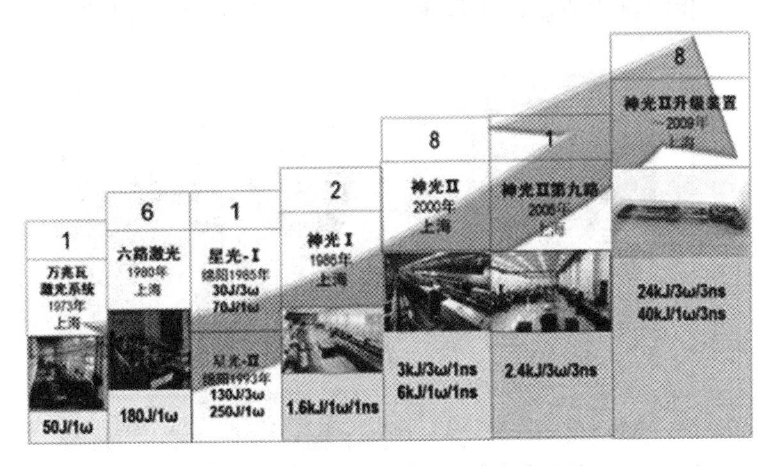

图 1-7　高功率钕玻璃激光系统及其发展历程

超强超短激光

中国科学院上海光机所于 2002 年突破光学参量啁啾脉冲放大超强超短激光新原理系列关键科学技术，获得峰值功率高于国际同类研究一个量级的 16.7 太瓦（1 太瓦等于 10^{12} 瓦）激光输出。2013 年和 2016 年，相继研制成功当时创世界最高激光峰值功率记录的 2 拍瓦（1 拍瓦等于 10^{15} 瓦）和 5 拍瓦激光系统。2017 年，我国研究人员解决了大口径高增益激光放大器、高性能激光泵浦源、宽带高阶色散精密控制和增益窄化抑制等关键科学技术问题，在国际上率先实现 10 拍瓦激光放大输出，引领了超强激光科学国际前沿（见图 1–8）。

图 1–8　上海超强超短激光实验装置（SULF）

其中 10 拍瓦激光主放大器采用的钛宝石晶体直径达 235 毫米（见图 1–9），由我国自主研制，这是我国首次研制成功并获得激光放大的口径超

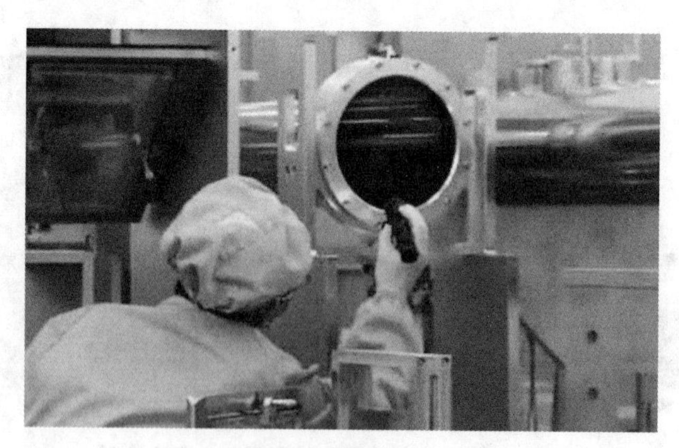

图 1–9　SULF 使用的国产大尺寸钛宝石

过 200 毫米的激光晶体，这也是目前已知的国际上最大口径的激光放大晶体。

化学激光器

图 1–10　我国研制的千瓦级氧碘化学激光器（1992 年）

自由电子激光器

图 1–11　功率约 1 兆瓦的拉曼自由电子激光器（1985 年）

图 1-12　大连光源电子加速器（上）和大连光源（2016 年）极紫外放大器（下）

脉冲铜蒸汽激光及其泵浦的稳频染料激光系统

图 1-13　激光分离同位素用的高功率脉冲铜蒸汽激光器泵浦的稳频染料激光系统（1996 年）

高功率光纤激光器

图 1-14　大功率光纤激光器（2017 年）

深紫外全固态激光器

图 1-15　177.3 纳米深紫外全固态激光器

高功率万瓦二氧化碳激光器

图 1-16　万瓦二氧化碳激光器

大功率半导体激光器

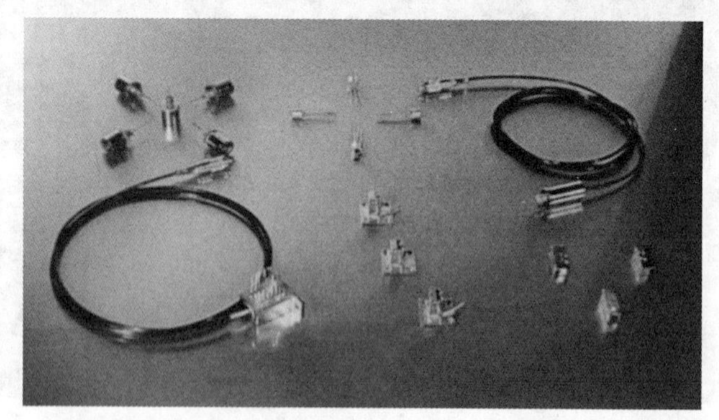

图 1-17　10 万瓦级的半导体激光器组件（上）和各种半导体激光器（下）

第二章　激光催生新型交叉学科的诞生

一、激光物理

1. 激光光谱学

激光光谱是以激光为光源的光谱技术。与普通光源相比，激光光源具有单色性好、亮度高、方向性强和相干性强等特点，是用来研究光与物质的相互作用，从而辨认物质及其所在体系的结构、组成、状态及其变化的理想光源。激光的出现使原有的光谱技术在灵敏度和分辨率方面得到极大的改善。由于现在已能获得强度极高、脉冲持续时间极短的激光，对时间极短的多光子过程、非线性光化学过程以及分子被激发后的弛豫过程的观察成为可能，并在此基础上分别发展出新的光谱技术。激光光谱学已成为与物理学、化学、生物学及材料科学等密切相关的研究领域。

常见的激光光谱技术有：

激光吸收光谱

激光用于吸收光谱，可取代普通光源，省去单色器或分光装置。激光的强度高，足以抑制检测器的噪声干扰，激光的准直性有利于采用往复式光路设计，以增加光束通过样品池的次数。所有这些特点均可提高光谱仪的检测灵敏度。除了通过测量光束经过样品池后的衰减率的方法对样品中待测成分进行分析外，通过激光与基质作用后产生的热效应或电离效应也较易检测到，以此为基础发展而成的光声光谱分析技术和激光诱导荧光光谱分析技术已获得应用。利用激光诱导荧光、光致电离和分子束光谱技术的配合，已能有选择地检测出单个原子或分子，并成为激光分离同位素的技术基础。

激光荧光光谱

高强度激光能够使吸收物质中相当数量的粒子提升到激发量子态。因此极大地提高了荧光光谱的灵敏度。以激光为光源的荧光光谱适用于超低浓度样品的检测，例如用准分子激光泵浦的可调染料激光器对荧光素钠的单脉冲检测限已达到 10^{-10} mol/L，比用普通光源得到的最高灵敏度提高了一个数量级。

激光拉曼光谱

激光的发明使拉曼光谱获得了新生，因为激光的高强度极大地提高了包含双光子过程的拉曼光谱的灵敏度、分辨率和实用性。为了进一步提高拉曼散射的强度，科研人员研究出了共振拉曼光谱法和相干反斯托克斯拉曼光谱法（Coherent Anti-Stokes Raman Spectroscopy，简称 CARS），使灵敏度得到更大的提高，成为一种非常有用的光谱分析方法。

高分辨率和超高分辨率激光光谱

激光对高分辨率和超高分辨率光谱的发展起了很大作用。高分辨率和超高分辨率光谱技术是研究原子、分子和离子结构的有力工具，可用来研究谱线的精细和超精细分裂、塞曼和斯塔克分裂、光位移、碰撞加宽、碰撞位移等效应。高分辨率和超高分辨率光谱也是激光分离同位素的技术基础。

时间分辨激光光谱

时间分辨光谱法是依据待测组分的被检测信号衰减特性差异，利用脉冲激光进行时间选择测定的一种方法，其测试灵敏度和选择性很高，应用较多的有时间分辨荧光光谱。

2. 非线性光学

激光发明之前，光学基本上都是研究弱光束在介质中的传播。确定介质光学性质的折射率或极化率是与光强无关的常量，介质的极化强度正比于光波的电场强度 E，光波叠加时遵守线性叠加原理。在上述条件下所研究的光学问题称为线性光学。对很强的激光，例如当光波的电场强度可与原子内部的库仑场相比拟时，光与介质的相互作用将产生非线性效应，反映介质性质的物理量（如极化强度等）不仅与场强 E 的一次方有关，而且还取决于 E 的更高幂次项，从而使人们发现了线性光学中看不到的许多新现象，这些新现象称为非线性光学现象，它们有：

高次谐波

弱光进入介质后频率保持不变；强光进入介质后，由于介质的非线性效应，除原来的频率 ω 外，还将出现 2ω、3ω、……等的高次谐波。1961 年美国的 P. A. 弗兰肯和他的同事们首次在实验中观察到二次谐波。他们把红宝石激光器发出的 3 千瓦 694.3 纳米红色激光脉冲聚焦到石英晶片上，观察到了波长为 347.15 纳米的紫外二次谐波。若把一块铌酸钡钠晶体放在 1 瓦 1.06 微米波长的激光器腔内，可得到连续的 1 瓦二次谐波绿色激光，波长为 532.3 纳米。非线性介质的这种倍频效应在激光技术中有重要应用。

光学混频

当两束频率为 ω_1 和 ω_2（$\omega_1>\omega_2$）的激光同时射入介质时，如果只考虑极化强度 P 的二次项，将产生频率为（$\omega_1+\omega_2$）的和频与频率为（$\omega_1-\omega_2$）的差频。利用光学混频效应可制作光学参量振荡器，这是一种可发射从红外到紫外并可在很宽范围内调谐的相干辐射光源。

受激拉曼散射

普通光源产生的拉曼散射是自发拉曼散射，散射光是不相干的。当入射光采用很强的激光时，由于激光辐射与物质分子的强烈作用，使散射过程具有受激辐射的性质，该过程称为受激拉曼散射，所产生的拉曼散射光具有很高的相干性，其强度也比自发拉曼散射光强得多。受激拉曼散射可用于获得多种新波长的相干辐射，并为深入研究强光与物质相互作用的规律提供手段。

自聚焦

介质在强光作用下折射率将随光强的增加而增大。激光束的强度具有高斯分布特性，光强在中轴处最大，并向外围递减，于是激光束的轴线附近有较大的折射率，像凸透镜一样，光束将向轴线自动会聚，直到光束达到一条细丝极限（直径约 5×10^{-6} 米），并可在这细丝范围内产生全反射，犹如光在光学纤维内传播一样。

光致透明

弱光下介质的吸收系数（见光的吸收）与光强无关，但对很强的激光，介质的吸收系数与光强有依赖关系，某些本来不透明的介质在强光作用下吸收系数会变为零，这即为光致透明。

研究非线性光学对激光技术、光谱学的发展以及物质结构分析等都有重要意义。非线性光学是研究各类系统中非线性现象共同规律的一门交叉科学。非线性光学的研究热点包括：研究及寻找新的非线性光学材料，例如有机高分子或有机晶体等；研讨这些材料是否可以产生高次谐波、二波混频、四波混频、自发振荡和相位反转光放大器，甚至成为空间光固子介质等。

常用的二阶非线性光学晶体有磷酸二氢钾（KDP）、磷酸二氢铵（ADP）、磷酸二氘钾（DKDP）、铌酸钡钠、低温相偏硼酸锂（β-BaB_2O_4，简称 BBO）和三硼酸锂（LiB_3O_5，简称 LBO）等。此外还发现了许多新的三阶非线性光学材料。各种非线性晶体可用来：做成电光开关以实现对激光的调制；用来实现二次、三次甚至更高阶次谐波的产生；用二阶及三阶光学和频与差频以实现激光频率的转换，获得短至紫外、真空紫外，长至远红外的各种波长激光；通过实现红外频率的上转换来克服在红外探测方面的困难；通过光学参量振荡实现激光频率的调谐；与倍频、混频技术相结合已可实现从中红外一直到真空紫外宽广范围内调谐；通过非线性光学效应中输出光束所具有的位相共轭特征，进行光学信息处理、改善成像质量和光束质量；通过折射率随光强变化的性质做成非线性标准具和各种双稳态器件。

利用各种非线性光学效应，特别是共振非线性光学效应及各种瞬态相干光学效应，可研究物质的高激发态及高分辨率光谱、物质内部能量和激发的转移过程及其他弛豫过程等。

能输出脉冲持续时间短至纳秒、皮秒甚至飞秒的高强度脉冲激光器，是研究非线性光学、光与物质相互作用瞬态过程的有力工具。从技术领域到研究领域，非线性光学的应用十分广泛。

3. 量子光学

量子光学是应用辐射的量子理论研究光辐射的产生、相干统计性质、传输、检测，以及光与物质相互作用中的基础物理问题的一门学科。20 世纪 60 年代激光的问世大大地推动了量子光学的发展，在激光理论中建立了半经典理论和全量子理论。半经典理论将物质看成是遵守量子力学规律的粒子集合体，而激光光场则遵守经典麦克斯韦电磁方程组。此理论能较好地解决许多有关激光与物质相互作用的问题，但不能解释与辐射场量子化有关的现象，例如激光的相干统计性和物质的自发辐射行为等。在全量子理论里，把激光场看成是量子化的光子群，这种理论体系能对辐射场的量子涨落现象及涉及激光与物质相互作用的各种现象给予严格又全面的描述。对激光的产生机理，包括对自发辐射和受激辐射进行更详细的研究，对激光的传输、检测与统计性等的研究是量子光学的主要研究课题。

随着研究工作的深入和深化，研究对象、研究内容和研究范围的拓展，以及研究方法和研究手段的更新与改进，量子光学领域已经出现了一系列重大突破性进展。1997 年，朱棣文、克劳德·科恩-塔诺季（C.C.Tannoudji）和威廉·丹尼尔·菲利普斯（W.D.Phillips）三位科学家因研究“原子的激光冷却与捕获”而分获 1997 年度诺贝尔物理学奖（见图 2-1），从而将量子光学领域的研究工作推向了高潮。

The Nobel Prize in Physics 1997

"for development of methods to cool and trap atoms with laser light"

Steven Chu

Claude Cohen-Tannoudji

William D. Phillips

图 2-1　1997 年诺贝尔物理学奖获得者

1997年以后，量子光学领域又出现了许多新的发展。特别是在2001年瑞典皇家科学院决定将2001年度的诺贝尔物理学奖授予对实现玻色–爱因斯坦凝聚态作出杰出贡献的三位科学家，从而将量子光学领域的研究工作推向了一个新的高潮。

到了2005年，瑞典皇家科学院再次决定将该年度的诺贝尔物理学奖授予对光学相干态和光谱学研究作出杰出贡献的三位科学家。其中，发现光学相干态并在此基础上进一步建立起光场相干性的全量子理论的美国科学家罗伊·格劳伯（Roy J. Glauber），他一个人获得了该年度诺贝尔物理学奖金的50%，而另外的两位科学家则共享该年度诺贝尔物理学奖金的另外50%。在短短8年时间内，量子光学领域获得了三次诺贝尔物理学奖！这足以说明量子光学研究的重要性、重要地位和重要作用以及国际科学界对量子光学学科的重视程度。从而，再次将量子光学领域的研究工作推向了高潮。

在这期间，我国在量子光学领域的研究也取得了可喜的成绩。中国科学院、中国科技大学、山西大学等先后建立了国家和部委的量子光学重点实验室，开展了量子光学的科学研究，并取得了一系列科研成果：实现了冷原子量子存储、具有存储和读出功能的纠缠交换、毫秒量级单次激发量子存储、光子与原子比特间的量子隐形传态、五光子纠缠和终端开放的量子隐形传态、复合系统量子隐形传态，并实现了国际上最远的量子隐形传态。

在量子计算与量子仿真研究方面，我国也成果颇丰：通过舒尔（Shor）算法实现了“15 = ？ × ?”质因子分解；完成多光子容失编码、多光子图态仿真任意子分数统计、六光子簇态、十比特超纠缠薛定谔猫态。

二、激光化学

1. 化学激光器

化学激光器是另一类特殊的气体激光器，化学激光器用化学反应来产生激光。例如，氟原子和氢原子发生化学反应时，能生成处于激发状态的氟化氢分子，其泵浦源为化学反应所释放的能量。这类激光器大部分以分子跃迁方式工作，典型波长范围为近红外到中红外谱区。最主要的有氟化氢（HF）

和氟化氘（DF）两种装置。前者可以在2.6—3.3微米之间输出15条以上的谱线；后者则约有25条谱线处于3.5—4.2微米之间。这两种器件目前均可实现数百万瓦的输出。其他化学分子激光器包括波长为4.0—4.7微米的溴化氢激光器、波长4.9—5.8微米的一氧化碳激光器等。迄今唯一已知的利用电子跃迁的化学激光器是氧碘激光器，它具有高达40%的能量转换效率，而其1.3微米的输出波长则很容易在大气或光纤中传输。

化学激光器有脉冲和连续两种工作方式。脉冲装置首先于1965年发明，连续器件则于4年后问世。其中氟化氢和氟化氘激光器由于可以获得非常高的连续功率输出，其潜在军事应用很快引起人们的兴趣。在“星球大战”计划的推动下，美国于20世纪80年代中期以3.8微米波长、2.2兆瓦功率的氟化氘激光器为基础，研制出“中红外先进化学激光装置”，在战略防御倡议局1988年提交国会的报告中，称其为当时“世界能量最大的高能激光系统”。而氧碘激光器则在材料加工中得到应用，并可望用于受控热核聚变反应。化学激光器近年来的发展方向包括：以数十兆瓦为目标进一步增加连续器件的输出功率；努力提高氟化氢激光的光束质量和亮度；并探索由氟化氢激光器获得1.3微米左右短波长输出的可能性。

2. 激光分离同位素

同一元素的不同同位素在原子光谱和分子光谱上都存在位移效应。例如，原子光谱中，最大的同位素位移是半重氢的93.8纳米线，$\Delta vHD = 31.2\ cm^{-1}$，最小的是 ^{69}Ga 和 ^{71}Ga 的403.3纳米线，$\Delta v = 0.0006\ cm^{-1}$。而铀的424.63纳米线，$\Delta v = 0.28\ cm^{-1}$。分子振动谱带的同位素位移则是由同位素的折合质量上或分子的中心原子和整个分子质量上的差异造成的。例如HF和DF在 $4000\ cm^{-1}$ 处的位移约 $1100\ cm^{-1}$，$^{32}SF_6$ 和 $^{33}SF_6$ 在 $939\ cm^{-1}$ 处位移 $8\ cm^{-1}$，$^{235}UF_6$ 和 $^{238}UF_6$ 在 $628\ cm^{-1}$ 处的位移约 $0.65\ cm^{-1}$。

在发现同位素和同位素光谱效应后不久，这种用光化学选择分离同位素的方案在1920年由T.R. 默顿提出。随后的20多年内，他曾经试用窄谱带光源进行氯同位素和汞同位素的光化学分离，但由于光源不理想，分离效果不佳。直到20世纪60年代高性能的激光出现以后，这种方法又重新获得了关注。激光由于具有单色性、高强度和短脉宽等优异性能，自然地成为同位素分离的理想光源。

利用吸收光谱上的差异分离同元素的不同同位素目前有两种方法：原子蒸汽激光分离同位素和分子法激光分离同位素。其工作原理即：利用一组单色激光对准元素的一种同位素的一组能级谱线位置，将它光解离或激励至激发态进行化学反应，而其余同位素保持不被光解或激发而存留于原来物料中，达到同位素分离的目的。

1966 年，W.B. 蒂法尼、H.W. 莫斯和 A.L. 沙劳首次用激光进行了分离同位素的尝试。1970 年，S.W. 迈耶等首次用氟化氢气体激光器分离氢同位素成功之后，至今已在实验室中用激光方法成功地分离了氢、硼、氮、碳、氯、硫、钠、锂、溴、钙、钡、锇、铀等同位素。其中氢同位素 H-D 的分离系数高达 10000 以上，碳同位素 ^{12}C-^{13}C 的分离系数也达到 600 左右，都远远超过其他同位素分离方法，显示了激光分离法的明显优势。目前，硫、碳、铀同位素的激光分离，都已达到相当的规模。而意义最大、难度最高的是铀同位素 ^{235}U -^{238}U 的激光分离。

目前，激光分离铀同位素主要也有两种方法：原子法和分子法。

原子法激光分离铀同位素（AVLIS）原理是将金属铀在高温（约 2500 开）下加热气化成铀原子蒸汽。用高重复率、高功率脉冲铜蒸汽激光器输出的激光去泵浦的三台可调谐、稳频、高功率的染料激光器，以三种不同波长组合的一束激光来选择性地将 ^{235}U 进行三步光电离。电离后的 ^{235}U 原子，由电磁场收集成为浓缩产物，而中性的 ^{238}U 原子则穿过磁场作为尾汽收集。铀原子的电离能约 6 eV，光谱复杂，已发表的铀原子和离子的常规光谱有约 40000 条谱线。为了提高分离效率，必须精选三条组合作为三步光电离的激光波长。一般采用 591.54 纳米作为第一步激发的激光波长。

分子法是将 $^{235}UF_6$ 和 $^{238}UF_6$ 混合物经超音速膨胀来降低气体温度（约 40 开）并简化它的吸收光谱，然后用红外激光选择性地将 $^{235}UF_6$ 激发到激励激发态，继而将它激发解离出氟原子而产生细粉状浓缩的 $^{235}UF_5$，达到铀同位素分离目的。UF_6 分子光谱也很复杂，也必须精选分离所需的激光波长。分离所用的精调激光器也不够成熟。目前已发表的第一步激发的激光频率为 628.33 cm^{-1}。

公开文献来源显示，AVLIS 技术最早于 20 世纪 70 年代初分别由苏联与美国同时发明。在美国，尽管有数个国家实验室参与了 AVLIS 的早期研究，其主要研究工作实由劳伦斯利弗莫尔国家实验室负责进行。澳大利亚、法国、印度与日本等国家的学术界也陆续发表了关于可用于 AVLIS 浓缩铀的可调谐激光器的研究成果。

美国在劳伦斯利弗莫尔实验室开展的原子法激光分离 ^{235}U 原子的实验研究取得了成功，并进行了工业化规模生产的经济性评估，结论是方案可行，经济上比目前的离心分离法效率要高十余倍。最大的好处是能有效地处理铀矿尾料，提高了 ^{235}U 的获得率，理论上可达 100 %。同时，这种方案简化了核燃料的废料处理，可充分利用其中的有用同位素元素，尤其是钚，它也是制造核武器的重要原料。

我国的激光同位素分离工作开始于 20 世纪 80 年代，在国家几个“五年计划”的支持下，研究工作主要在当时的核工业部第三研究院、中国科学院和有关高等院校进行。经过多年的努力，我国在研制选择激发用的高功率脉冲铜蒸汽激光及其泵浦的稳频染料激光系统、铀原子束蒸汽的产生、^{235}U 的高分辨率光谱数据和高效选择电离后的 ^{235}U 离子电磁收集系统等关键技术上取得了突破，取得了原子法 ^{235}U 激光分离的成功。

三、信息光学

信息光学是应用光学、计算机和信息科学相结合而发展起来的一门新的光学学科。是信息科学的重要组成部分，也是现代光学的核心。信息光学又称傅里叶光学（Fourier Optics）。自 20 世纪 40 年代后期起，由于通信理论中“系统”的观点和数学上的傅里叶分析（频谱分析）方法被引入光学，更新了传统光学的概念，丰富了光学学科的内容，并形成了现代光学的一个重要分支——傅里叶光学。作为系统，无论是通信系统还是光学系统，它们都是用来把收集到的信息转换成人们所需要的输出信息。只不过通信系统传递和转换的信息是随时间变化的函数（例如被调制的电压和电流波形），而光学系统传递和转换的激光信息（光场的复振幅分布或光强度分布）则可以随空间和时间变化。信息光学中最典型的应用是激光全息。

1. 激光全息技术

全息技术最早发现于1947年，它其实是英国物理学家丹尼斯·加博尔（Denise Gabor）在英国一家公司改进电子显微镜的过程中不经意得到的成果。这项技术最早也是应用于电子显微镜，所以最开始被称为“电子全息图”，并没有得到很好推广应用。直到1960年激光技术发明后，实现了光学领域的全息技术并得以开始实用，加博尔也因此获得了1971年的诺贝尔物理学奖。

全息图有很多种，例如投射全息图、反射全息图、彩虹全息图等等。第一张记录了三维物体的全息图是在1962年由尤里·丹尼苏克（Yuri Denisyuk）、埃米特·利斯（Emmett Leith）、朱瑞斯·乌帕特尼克斯（Juris Upatnieks）在美国拍摄的。

普通照相是以几何光学原理为基础，利用透镜成像来记录各点的光强分布，所成像为二维平面图像，物像间关系是点点对应的，只要底片破损就不能重现图像。而且普通照相对外界环境要求不高，一般条件都能满足。全息照相则不同，它以光的干涉、衍射等物理光学原理为基础，引入适当的相干参考波，不仅记录了物光束的振幅信息，而且也把在普通照相过程中丢失的位相信息记录下来。在感光底板上得到的不是物体的像，而是物光束与参考光束的干涉条纹，这些条纹的明暗对比度、条纹的形状和疏密反映了物光波的振幅和相位分布。经过显影、定影处理后，便得到了一张全息图。它相当于一块复杂的光栅，只有在适当的光波照明下才能重建原来的物光波。全息照相得到的是三维立体的实像。物像之间的关系是点面对应的，全息图上每一点都记录了所有的物光束信息，无论磨损还是残破，只要得到一小块儿全息图，就能把原来的物体真实再现出来。因此，激光全息照相的拍摄要求也要比普通照相严格得多。

普通照相，只能记录物体反射光场的强度（复振幅模的平方），它不能表征物体的全部信息。采用全息方法，同样也是记录光场的强度，但它是参考光束和物光束干涉后的强度。其记录过程如下：首先对一束相干光，进行1∶1分光，照射到拍摄物体的称为物光束，另一束称为参考光束；在保证物光束和参考光束光程（光走的距离）近似相同的情况下，使在物体上反射的物光束和参考光束在晶体或者全息底片上进行干涉；观察的时候只要使用参考光束照射晶体或全息底片，即可在晶体或全息底片上观测到原来的三维物体（见图 2–2）。

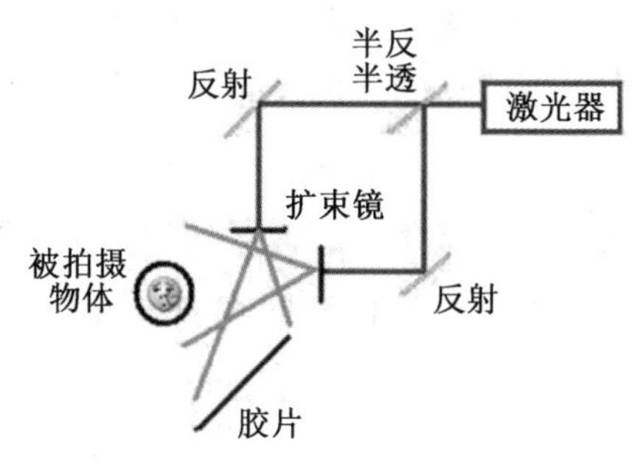

图 2–2　激光全息照片拍摄示意图

激光的出现，为全息照相提供了一个理想的光源。这是因为激光具有很好的空间相干性和时间相干性，实验中采用氦氖激光器，用其拍摄较小的漫散物体，可获得成像质量良好的全息图。由于全息底片上记录的是干涉条纹，而且是又细又密的干涉条纹，所以在照相过程中极小的干扰（例如轻微的震动）都会引起干涉条纹的模糊，甚至使干涉条纹无法记录。因此对全息照相的环境有很高的防震要求。因为全息照相底片上记录的是又细又密的干涉条纹，所以需要高质量、高分辨率的感光材料。

除了激光全息，白光（指非相干光源，例如灯光、日光）即可再现的全息图已广泛应用于防伪标识，此外还有彩色全息图，可以用白光再现被摄物体的颜色等等。不过，这些全息图的制作过程相当复杂。

全息学的原理适用于各种形式的波动，如 X 射线、微波、声波、电子波等。只要这些波动在形成干涉图样时具有足够的相干性即可。因此除光学全息外，科研人员还发展了红外、微波和超声全息技术，这些全息技术在军事侦察和监视上有重要意义。我们知道，一般的雷达只能探测到目标方位、距离等，而全息照相则能给出目标的立体形象，这对于及时识别飞机、舰艇等有很大作用，因此备受人们的重视。超声全息照相能再现潜伏于水下物体的三维图样，因此可用来进行水下侦察和监视。由于对可见光不透明的物体往往对超声波透明，因此超声全息可用于水下的军事行动，也可用于医疗透视以及工业无损检测等。这些技术的关键是寻找灵敏记录的介质及合适的再现方法。

由于全息照相能够把物体表面发出的全部信息（即光波的振幅和相位）记录下来，并能完全再现被摄物体光波的全部信息，因此，全息技术在生活实践和科学研究领域中有着广泛的应用。光学全息技术可望在全息显示（立体电影、电视、展览、显微术）、干涉度量学、投影光刻、军事侦察监视、水下探测、金属内部探测、全息储存、遥感，以及保存珍贵的历史文物、艺术品，研究和记录物理状态变化极快的瞬时现象、瞬时过程（如爆炸和燃烧）及制作全息防伪商标等各个方面获得广泛应用。

2. 全息投影

“全息”这个名词用来形容可以从各个角度观看的三维图像。光学全息技术在三维投影显示上有重要应用。将三维画面悬浮在实景的半空中成像。观看者可以从不同的角度不受限制地对其进行观察，甚至进入影像内部。当人们想去触摸看到的三维物体，他们的手会从物体当中穿过，图像给观众感觉是完全立体的。目前市面上的正面全息投影（front-projected holographic display），宽泛地说也可以算作是全息影像的一种，但是所谓的全息画面只是投射在一块透明的投影膜上面，也称为幻象投影技术。因此，所谓的全息图像也不过是一个平面而非立体图像。这是目前最广泛使用的投影技术。人们会统称这些技术为“全息”。

全息投影技术也称虚拟成像技术，是利用干涉和衍射原理记录并再现物体真实的三维图像的记录和再现的技术。

全息投影是一种无需配戴眼镜的三维技术，观众可以看到立体的虚拟人物。这项技术在一些博物馆、舞台之上的应用较多。全息立体投影设备不是利用数码技术实现的，而是投影设备将不同角度影像投影至全息投影膜上，让你看不到不属于你自身角度的其他图像，因而实现了真正的全息立体影像。

360 度幻影成像是一种将三维画面悬浮在实景半空中的成像，营造了亦幻亦真的氛围，效果奇特，具有强烈的纵深感，真假难辨。幻象中间可结合实物，实现影像与实物的结合，也可配加触摸屏实现与观众的互动。可以根据要求做成四面窗口，每面 2—11 米；可做成全息幻影舞台，让产品实现 360 度立体的演示；也可实现真人和虚拟人物形象同台表演等。适合表现细节或内部结构较丰富的个体物品，给观众感觉是完全立体的。

四、激光频率和时间标准

在人类文明进步和科学技术发展的历史长河中，人类活动所带来的社会需求与时间测量的精度是密不可分的。很久以前，人们记录时间是利用天体的周期性运动。他们日出而作，日落而息，通过观察自然现象，例如太阳和月亮相对自己的位置等来模糊地定义时间，这样的时间测量称为自然钟。后来，人们逐渐发明了如日晷、水钟、沙漏等计时装置，能够指示时间按等量间隔流逝，这也标志着人造时钟的出现。而当钟摆等可长时间反复周期运动的振荡器出现后，人们把任何能产生确定的振荡频率的装置，称为时间频率标准，并以此为基础发明了真正可持续运转的时钟。

从 14 世纪到 19 世纪中叶的 500 年间，人们首先采用古老的摆轮钟代替了自然钟，精度约为 10^{-2} 量级，误差约为 1 刻钟 / 天。然后，在钟摆装置的基础上，人们逐渐发展出日益精密的机械钟表，使机械钟的计时精度达到基本满足人们日常计时需要的水平，精度最高达到 10^{-8} 量级，误差约为 1 秒 / 年。从 20 世纪 30 年代开始，随着晶体振荡器的发明，小型化、低能耗的石英晶体钟表代替了机械钟，广泛应用在电子计时器和其他各种计时领域，一直到现在仍是人们日常生活中所使用的主要计时装置。

20 世纪 40 年代开始，现代科学技术特别是原子物理学和射电微波技术的蓬勃发展，科学家们利用原子超精细结构跃迁能级具有非常稳定的跃迁频率这一特点，发展出比晶体钟更高精度的原子钟。激光发明以后不久，人们就开始研究激光稳频技术，研究它作为时间频率标准的可行性。激光频率标准是激光物理学、光谱学和电子学高度结合的产物，它随着激光技术的发展而发展。与激光稳频技术结合研制的原子钟成为基础科学研究的重要工具，也是尖端科学的关键组成部分。

1967 年，第十三届国际计量大会将时间“秒”进行了重新定义：“1 秒为铯原子基态的两个超精细能级之间跃迁所对应的辐射的 9 192 631 770 个周期所持续的时间”。自从有了原子钟，人类计时的精度以几乎每十年提高一个数量级的速度飞速发展，20 世纪末达到了 10^{-14} 量级，即误差约为 1 秒 /300 万年。在此基础上建立的全球定位导航系统（例如美国 的 GPS 和我国的北斗导航卫星）覆盖了整个地球 98% 的表面，将原子钟的信号广泛地应用到了人类活动的各个领域。

随着激光冷却原子技术的发展，利用激光冷却的原子制造的冷原子钟使时间测量的精度进一步提高。到目前为止，地面上精确度最高的冷原子喷泉钟误差已经减小到 1 秒 /3 亿年，更高精度的冷原子光钟也在飞速发展中（见图 2–3）。

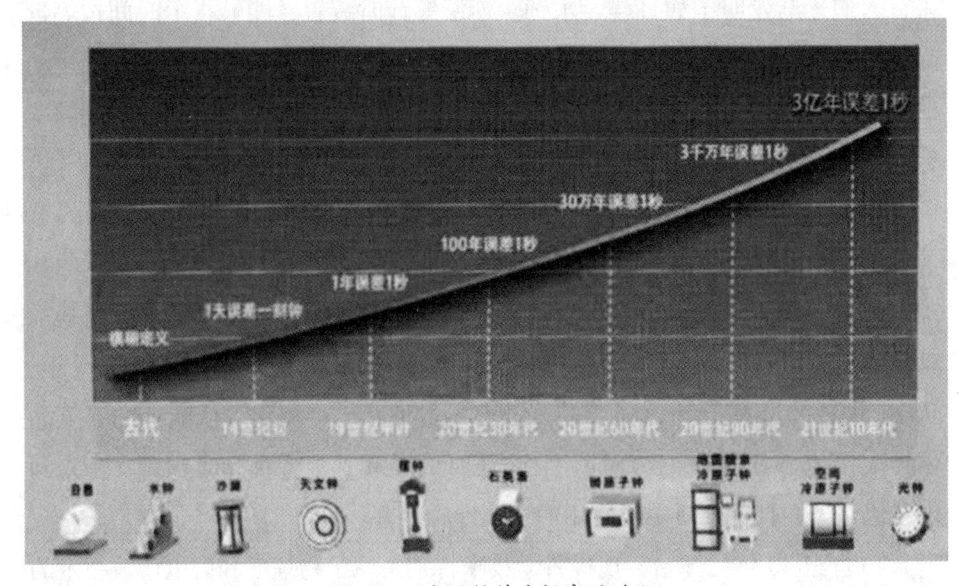

图 2–3　人类时钟精度提高的进程

“时间”成为现代科学技术中测量准确度最高的基本物理量，通过各种物理转化，可以提高长度、磁场、电场、温度等其他基本物理量的测量精度，是现代物理计量的基础。近年来，科学家们提出将激光冷却原子技术与空间微重力环境相结合，激光冷却与空间微重力的结合让原子钟向更高精度进发，有望在空间轨道上获得比地面上的线宽要窄一个数量级的原子钟谱线，从而进一步提高原子钟精度，这将是原子钟发展史上又一个重大突破。

国际上争相开展空间高精度原子钟的研究计划，其中最主要的是欧洲航天局（ESA）支持的空间站原子钟（ACES）计划。中国在原子钟研究方面，中国科学院从20世纪60年代就开始了原子钟的研究。国际上激光冷却气体原子的概念刚刚提出时，中国科学院王育竹院士立刻认识到冷原子对原子钟的研究将产生革命性的影响，于是他率领团队着手开展了激光冷却原子技术的研究。1971年至1979年间，中国科学院承担了“远望”号测量船上铷原子钟的研制任务，成功研制出中国第一台铷原子钟（见图2–4），为国家导弹发射、远距离测量、通信等领域作出重要贡献，获得了全国科技大会重大科技成果奖和全国科学技术进步奖特等奖。

图2–4　王育竹院士（左）和中国第一台铷原子钟（右）

进入21世纪后，随着实验室激光冷却技术的发展，王育竹院士开始逐步推进小型化冷原子铷钟和空间冷原子钟的可行性研究。2007年，在王育竹院士的指导下，中国科学院刘亮研究员领导的空间冷原子钟团队成立，并于2010年完成了空间冷原子钟原理样机的研制和地面科学试验论证。2011年，空间冷原子钟实验（Cold Atom Clock Experiment in Space，简称CACES）计划正式进入工程样机的设计与研制阶段。

图2–5　中国第一台空间冷原子钟

2016年，经过科学家们近10年的艰苦努力，中国第一台空间冷原子钟（见图2-5）产品正样研制成功，并且它在光、机、电、热、软件等方面通过了中国载人航天工程各类环境模拟测试的检验，达到了满足火箭发射和空间在轨正常运行的要求。在“天宫二号”载人航天飞行器上，搭载了中国科学院研制的空间冷原子钟，成为世界上第一台在轨进行科学实验的空间冷原子钟（见图2-6）。

图2-6 2016年9月15日“天宫二号”成功发射，其中搭载了世界首台太空运行的空间冷原子钟

空间冷原子钟是在地面喷泉原子钟的基础上发展而来。在地面上，由于受到重力的作用，自由运动的原子团始终处于变速状态，宏观上只能做类似喷泉的运动或者是抛物线运动，这使得基于原子量子态精密测量的原子钟在时间和空间两个维度受到一定的限制。在空间微重力环境下，原子团又可以做超慢速匀速直线运动，基于对这种运动的精细测量可以获得较地面上更加精密的原子谱线信息，从而可以获得更高精度的原子钟信号。

空间冷原子钟主要包括物理单元、微波单元、光学单元和控制单元四大组成部分，每个单元都有非常高的技术指标。其工作原理是利用激光冷却和俘获技术获得接近绝对零度（微开量级）的超冷原子团，然后采用移动光学

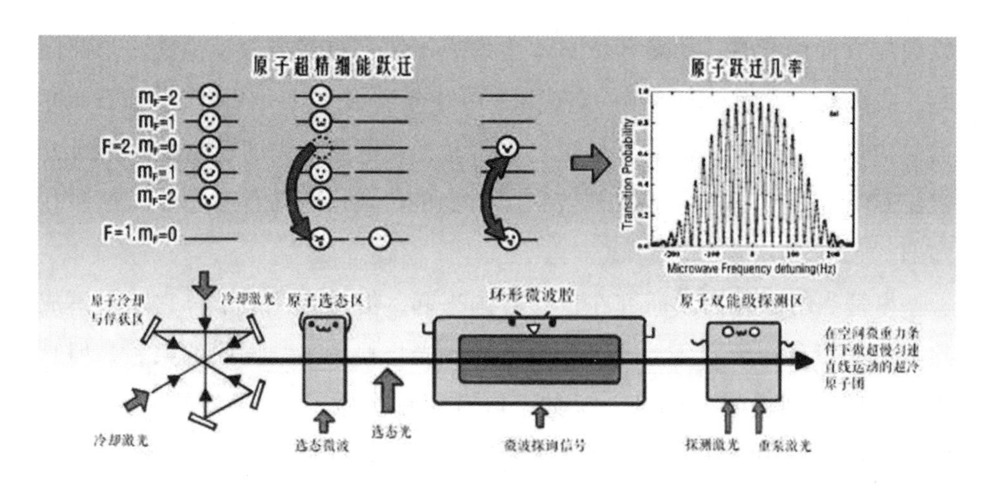

图 2-7　激光冷却原子钟原理图

黏团技术将其沿轴向抛射，在微重力环境下，原子团可以做超慢速匀速直线运动，处于纯量子基态上的原子经过环形微波腔，与分离微波场两次相互作用后产生量子叠加态，经由原子双能级探测器测出处于两种量子态上的原子数比例，获得原子跃迁概率，改变微波频率即可获得原子钟的谱线拉姆齐（Ramsey）条纹。预计微重力环境下所获得的拉姆齐条纹中心谱线线宽可达 0.1 赫兹，比地面冷原子喷泉钟谱线窄一个数量级，利用该谱线反馈到本地振荡器即可获得高精度的时间频率标准信号。

五、激光医学

激光医学是激光技术与医学相结合的一门新兴的边缘学科。20 世纪 60 年代，激光发明不久，激光就与医学结合起来。激光技术被广泛应用于临床诊断、治疗和基础医学研究。目前激光医学已基本上发展成为一门体系完整、相对独立的学科，在医学科学中起着越来越重要的作用。

1961 年，世界第一台医用激光机——红宝石视网膜凝固机在美国问世，美国医师用它对剥离的人眼视网膜进行焊接，并发表了《激光的生理作用》《光脉冲引起眼的损伤》《相干光源产生的光凝固》等一批有关激光在生物医学应用方面的生理学基础论文。1962 年，欧洲的医学研究小组报道了他们用红宝石激光照射细胞的研究成果。1963 年，苏联也开始发表激光生物效应方面的文章。1966 年，日本也发表了第一批激光医学论文。与此同时，我国在这方面也取得了一定成果：1961 年制成了第一台国产红宝石激光器，1965 年北京同仁医院开始了红宝石激光视网膜凝固的动物实验。到 20 世纪 60 年代末，世界上有关激光医学方面的论文已有几百篇之多，专著 10 多部。

尽管当时激光医学研究在世界各国兴起，但作为一门学科它还很不成熟。例如，在临床方面，虽然开始了用激光焊接剥离视网膜的实验，但真正用于临床则始于 1968 年。又如，1963 年首次做了用红宝石激光消除尸体血管粥样斑块的尝试，但由于缺乏相应的技术和设备，几乎停顿了 20 多年。可以说，20 世纪 60 年代只是激光医学的基础研究阶段。此后又经过了二三十年的基础研究和临床应用，激光医学才趋于成熟。它得到了国际组织的公认，世界卫生组织成立了激光医学咨询委员会，国内外编辑出版了大量的专业期刊及专著。包括我国在内的许多国家，已建立起激光医学教学、科研、医疗的专业队伍，成立了许多国际性的专业学术团体，如国际光动力学会、国际激光外科学会等。我国的国家、省、市级的激光医学会也相继成立，定期进行学术交流，举办学习班，组织互相参观学习等活动，十分活跃。

20 世纪 70 年代中后期，我国已有计划地将激光医学的科技研究分别列入多个国民经济和社会发展“五年计划”中，许多研究项目还得到了国家自然科学基金的资助，并获得国家级和省部的大奖，这对于我国激光医学的发展无疑是一个巨大的推动。

六、激光生物学

利用激光辐射可以选择和培育农作物的优良品种，研究植物从发芽到成熟结籽的各种基本过程以及光合作用的基本机理，研究病虫害的发生、发展规律以及防治方法，掌握各种农副产品的保管方法。此外，还可以利用激光遥测对农作物产量进行估算和预报等。

激光育种是激光技术在农业中的最新应用，并已经获得了成功。激光育种是在其他高科技成果如微波育种、X 射线育种、放射性同位素育种、中子育种等的基础上发展起来的。

早在20世纪60年代，科学家就发现，利用红宝石激光照射胡萝卜、蚕虫等种子可以有效提高其发芽率和出苗率。受到这一启发，科学家开始考虑用激光束来照射种子。由于激光束具有很强的光照度，因此，经过它照射的种子应该有出人意料的结果。科学家的预想通过实验变为了现实，结果证明这一预想是科学合理的。20世纪90年代，俄罗斯科学家用波长441.6纳米、强度为10瓦/平方^{2}的蓝色氦镉激光束照射种子2小时，3小时后再用波长632.8纳米、同样强度的红色氦氖激光束照射2小时，使用这种小麦种子的小麦分蘖抽穗多，穗头饱满结实，平均每亩小麦可以提高产量60千克，蛋白质含量增加5%。

我国也掌握了这一技术，而且水平居于世界前列。我国试验激光育种的植物品种包括水稻、小麦、大豆、玉米、蚕豆、油菜等200多种植物种子。

激光育种方法方便易行，可以照射在植株的特定部位，按波长、剂量、部位和照射时间来进行研究。种子经过激光照射以后，可以大大提高产量。例如用激光培育的油菜种子，经过大面积试种，能够提高60%的产量。

七、激光与新材料

1. 激光玻璃

从20世纪60年代起，中国科学院就开始激光钕玻璃的研发。中国科学院干福熹和姜中宏两位院士在光学材料方面有很深的造诣，是我国激光玻璃研制的开创者。经过近60年的发展，激光玻璃生产技术历经了从硅酸盐钕玻璃到磷酸盐钕玻璃，从坩埚单块熔炼到连续批量生产的发展蝶变。

钕玻璃看似是一块普通的紫红色玻璃，但它可以在泵浦光的激发下产生激光或对激光能量进行放大，是激光器的“心脏”。激光钕玻璃性能的好坏直接决定了激光系统输出能量的潜力和质量，它是目前人类能够制备的输出能量最大的激光固体工作介质，一直发挥着不可替代的作用。目前，批量制造的大尺寸激光钕玻璃已成功应用于我国“神光”系列激光装置和世界领先的10拍瓦上海超强超短激光装置（SULF）中。

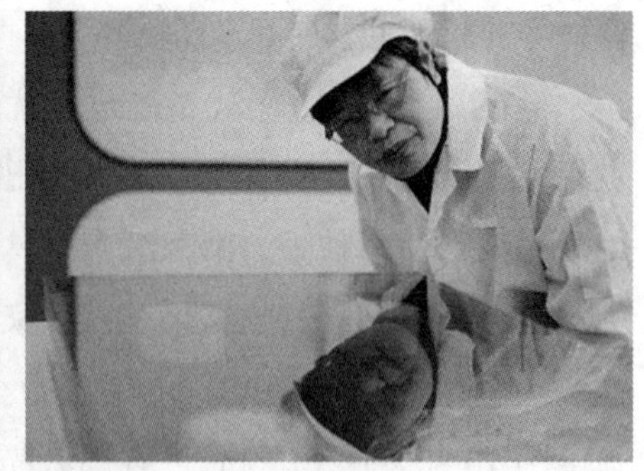

图 2-8　为我国钕玻璃研制作出突出贡献的科学家，
从左至右依次为干福熹、姜中宏、胡丽丽

中国科学院之所以取得钕玻璃研制项目重大突破，在于掌握了大尺寸高性能激光钕玻璃批量制造的关键技术，也因此成为国际上独立掌握激光钕玻璃元件全流程生产技术的机构。中国科学院胡丽丽研究员（见图 2–8）领衔的研制团队因此获得 2016 年度上海市技术发明奖特等奖。

掌握激光钕玻璃关键技术的西方国家对我国一直实施严格的技术封锁和产品禁运。世界上最大的钕玻璃激光聚变装置——美国国家点火装置（NIF）更是将激光钕玻璃连续熔炼技术列为自家七大技术奇迹之首。

中国科学院上海光机所自 1964 年建所以来就矢志拿下这顶玻璃研究的“皇冠”。尤其是经近十几年的持续攻关，在钕玻璃的连续熔炼、精密退火、包边、检测等四大关键核心技术上逐项打破国外技术封锁，取得了以连续熔炼为核心的大尺寸激光钕玻璃批量制造关键技术的突破，实现了涵盖大尺寸激光钕玻璃连续熔炼、包边和高精度检测的三项核心技术自主发明，并建成了具有中国特色的首条大尺寸激光钕玻璃连续熔炼生产线，实现了大尺寸激光钕玻璃的批量生产。由于激光钕玻璃技术指标要求极高并且尺寸大，激光钕玻璃的连续熔炼挑战了玻璃连续熔炼技术的极限，就是美国也是在联合德国和日本两家世界顶级光学玻璃公司后才掌握。而如今，我国自主挑战成功了！

激光钕玻璃成品须同时符合高光学质量、低应力、无铂金颗粒等夹杂物、高度一致性等 28 个技术指标。目前，我国的激光钕玻璃产品（见图 2–9）在

图 2-9　我国批量生产的各种规格激光钕玻璃元件

核心技术指标中 4 项领先国外同类产品，批量制造钕玻璃参数一致性较原先技术提高 2—3 倍，生产效率提高 10 倍。

2. 激光晶体

激光晶体由发光中心和基质晶体两部分组成。大部分激光晶体的发光中心由激活离子构成，激活离子部分取代基质晶体中的阳离子形成掺杂型激光晶体。激活离子成为基质晶体组分的一部分时，则构成自激活激光晶体。

激光晶体所用的激活离子主要为过渡族金属离子和三价稀土离子（钕、钬、镱和镝等）。激光晶体所用的基质晶体主要有氧化物和氟化物。选择基质晶体，除要求其物理化学性能稳定，易生长出光学均匀性好的大尺寸晶体，且价格便宜，还要考虑它与激活离子间的适应性，如基质阳离子与激活离子的半径、电负性和价态应尽可能接近，此外，还要考虑基质晶场对激活离子光谱的影响。对于某些具有特殊功能的基质晶体，掺入激活离子后能直接产生具有某种特性的激光，如在某些非线性晶体中，激活离子产生激光后通过基质晶体能直接转换成谐波输出。

目前使用较多的激光晶体有掺钕钇铝石榴石（Nd:YAG）晶体和掺钕钒酸钇（$Nd:YVO_4$）晶体。（见图 2-10）

用作光学介质材料的光学晶体材料主要用于制作紫外和红外区域窗口、透镜和棱镜。按晶体结构分为单晶和多晶。由于单晶材料具有高的

图 2-10　常用激光和光学晶体

晶体完整性、光透过率以及低的输入损耗，因此常用的光学晶体以单晶为主。

3. 非线性光学晶体

非线性光学晶体是重要的光电信息功能材料，是光电子技术尤其是激光技术的重要物质基础，在光学、通讯、医疗、军事等领域发挥重要作用。

中国科学院福建物质结构研究所先后于1979年和1986年发明出新型非线性光学晶体——低温相偏硼酸锂（β-BaB_2O_4，简称BBO）和三硼酸锂（LiB_3O_5，简称LBO）(见图2-11)。BBO是世界上第一个具有实用价值的紫外非线性光学晶体，LBO是可见与紫外光区频率变换特别是大功率器件应用的首选晶体，在科学研究以及精密加工、信息通信、医疗、半导体等行业具

图 2-11　BBO和LBO晶体

图 2–12　KBBF 晶体及其棱镜耦合器

有广阔应用空间。LBO 获 1991 年度国家技术发明奖一等奖。BBO 与 LBO 晶体材料及元器件研制打破了国外垄断，奠定了我国晶体材料强国的地位。以该技术为核心孵化出的福晶科技公司，长期保持全球最大非线性光学晶体和激光晶体制造商地位。

中国科学院理化技术研究所经过 20 余年努力，在深紫外非线性光学晶体及激光技术方面实现突破，在国际上率先突破非线性光学晶体 KBBF（$KBe_2BO_3F_2$）大尺寸生长技术（见图 2–12）和实用化、精密化深紫外全固态激光技术，研制出多个系列的实用化、精密化深紫外全固态激光源，成功研制一系列国际首创或领先的深紫外激光前沿科学装备，构建了“晶体—光源—装备—科研—产业化”的完整创新链，标志着我国成为世界上唯一能够制造实用化、精密化深紫外固态激光器的国家。

4. 大功率激光光纤

目前，采用不同离子掺杂的光纤作为增益介质，可以实现从 1 至 5 微米的全波段覆盖，采用拉曼和非线性频率转换技术，可以实现紫外光、可见光和红外光的高功率、高亮度的激光输出。实际上早在 1961 年，美国科学家就提出在激光腔内使用稀土掺杂光纤可以得到稳定的单模激光输出，但是受限于光纤制作和抽运光源，未能得到快速发展。

20 世纪 70 到 80 年代是半导体激光器和光纤拉制工艺快速发展的二十年，得益于气相沉积的现代化工艺和能在室温下工作的半导体抽运源，单模光纤激光器的研究工作逐步展开。但此时光纤的信号光和抽运光皆在纤芯中传输，将低亮度的半导体激光高效耦合到直径几微米的纤芯里较为困难，所以，光纤激光器在很长时间内只能产生毫瓦级的激光输出。

1988 年，双包层光纤出现，使光纤激光器的输出功率得到明显提升。典型的双包层光纤结构包括纤芯、内包层和外包层三部分（见图 2–13）。外包层折射率低于内包层，因此抽运光可以在内包层中传输。内包层的直径和数值孔径可远大于纤芯，便于高效耦合抽运光。抽运光在内包层里经多次全反射后，进入掺稀土离子的纤芯被吸收，实现激光的产生或放大。包层抽运技术的出现使光纤激光器输出功率实现了由毫瓦到瓦的量级提升。

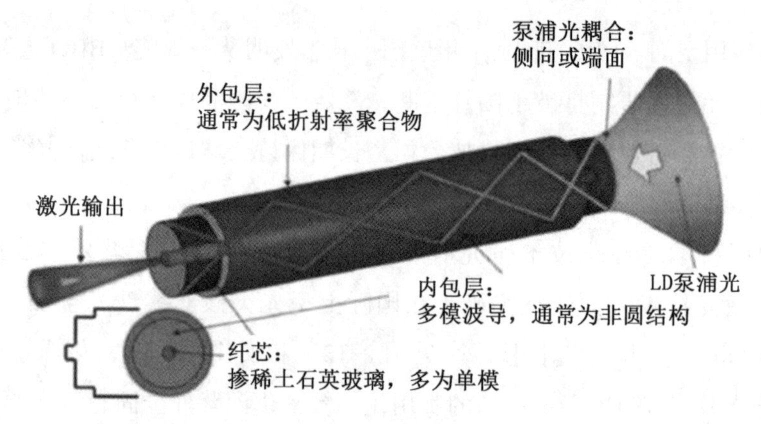

图 2–13　双包层激光光纤示意图

20 世纪 90 年代，随着 900 纳米附近波长高功率半导体激光器和双包层光纤制造工艺的发展，光纤激光器的输出功率得到了迅速提升。20 世纪 90 年代末，大模场光纤的研制促进了激光功率进一步提升。使用大模场面积光纤的同时采取一定的模式控制，使激光在大芯径的多模光纤中单模运转，可以大大提高非线性效应的阈值。该技术在 1999 年顺利实现了 100 瓦单模连续激光输出。

2004 年，南安普顿大学的科研人员实现了世界上首次千瓦级光纤激光输出。他们利用 975 纳米高功率半导体激光器（LD）双端抽运纤芯直径 43 微米的双包层掺镱光纤，产生了 1.01 千瓦的 1090 纳米激光输出。同年，他们进一步优化激光器参数并继续增加抽运功率，使激光器的输出功率提高到了 1.36 千瓦，由于减小了掺镱光纤的纤芯直径和数值孔径，输出激光的光束质量得到了明显改善（$M^2=1.4$）。

千瓦级光纤激光器的出现，使得高功率光纤激光真正走向了应用市场，各研究单位、创业公司如雨后春笋般出现，呈现出欣欣向荣的景象。2012 年，IPG 光子公司曾声称，研制出了 20 千瓦的单模和 100 千瓦的多模光纤激光器，成为当时光纤激光激光器的最大功率（见图 2–14）。

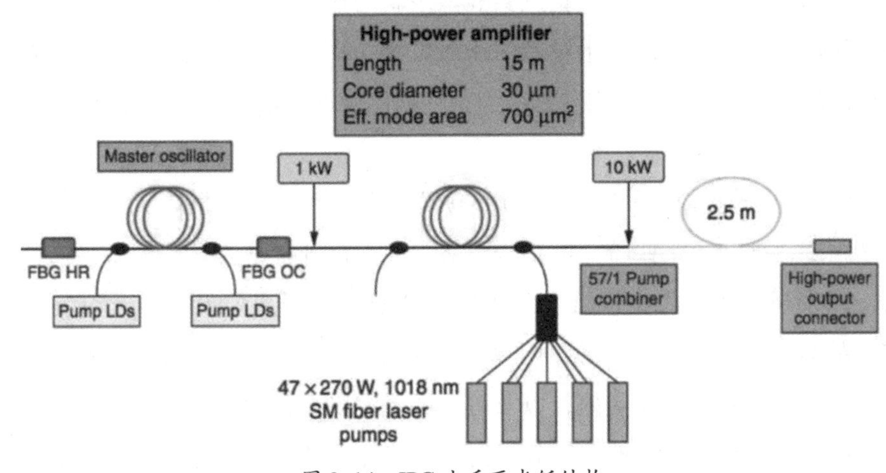

图 2–14　IPG 十千瓦光纤结构

我国的高功率光纤激光器研发起步较晚，但发展迅速。2001 年，中国科学院王之江院士指导的科研团队在国内率先开展了高功率光纤激光技术的理论与实验研究，提出了新型的高功率激光光纤的设计并申请了专利。2005 年，该团队在国内率先突破千瓦大关获得单纤连续激光 1.05 千瓦的输出，并在 2009 年利用国产光纤实现 1.75 千瓦功率输出。随后清华大学、国防科技大学、西安光机所等多家单位也实现了千瓦和数千瓦的激光输出。

中国科学院在国内也率先开展了光纤激光相干合成和光谱合成技术研究。2006 年，利用自成像结构实现相干合成，随后，利用该技术实现了国际上首次二维光纤激光相干合成，并于“十二五”期间利用光纤激光光谱合成技术率先突破 10 千瓦大关，引领高功率光纤激光技术的发展潮流。

5. 多功能激光薄膜

光学薄膜是一门发展比较成熟的技术，但它对激光技术的发展起着很重要的作用。现在，一般的激光薄膜通过市场都能采购。但是不同的激光系统对光学薄膜元件有着各种各样的特殊性能需求，例如：对特定波长范围内透/反射率不同、低波前畸变、高激光损伤阈值，以及低吸收损耗和大尺寸。但是，随着激光技术的迅速发展，对激光薄膜会提出各种特殊的要求，这也推动了光学薄膜技术不断进步。

中国科学院强激光材料重点实验室隶属的光学薄膜研究与发展中心（以下简称薄膜中心）是我国最早致力于研发高功率、超强超快和空间等激光系统所需的光学薄膜元件的单位之一。他们研制了许多重要的激光薄膜：

高功率激光薄膜

薄膜中心创新发展了一套系统的激光薄膜设计方法，提高了薄膜元件的力学强度，抑制了某些特定的损伤形貌，进而提升了薄膜元件的激光损伤阈值，即采用等离子体辅助沉积技术结合传统的电子束蒸发技术，以制备大口径的激光薄膜元件。这两种沉积技术的结合，具有可对膜层应力进行调谐、保持高的激光损伤阈值，以及可扩展至大口径元件的制备等优点，在薄膜制备工艺过程中，可严格精确控制每一步操作和后处理过程。薄膜中心还建立了在线应力测试系统，该系统能通过调整沉积参数，对膜层应力进行调谐。

2012年和2013年，薄膜中心研制的布儒斯特角偏振片参加了由国际光学工程协会（SPIE）激光损伤年会（在美国科罗拉多州博尔德市召开，每年一次）组织的全球性激光损伤阈值竞赛。参赛样品的P偏振态损伤阈值高达29.8 J/cm^2，是2012年提交的参赛样品中的最佳结果。参赛样品S偏振态损伤阈值高达41.7 J/cm^2，仅比最高的结果低1 J/cm^2（在测试误差内）。

迄今为止，薄膜中心制备的大口径偏振片对角线尺寸达900毫米，在1053纳米处的P偏振光透射率高于98%，S偏振光反射率高于99%，可以承受高达14 J/cm^2（5纳秒脉宽）的激光通量，已经在“神光二号”升级系统中获得良好应用。大口径的传输反射镜在1053纳米处的反射率高于99.5%，可以承受的激光通量高达30 J/cm^2（5纳秒脉宽）达到了国际先进水平（见图2–15）。

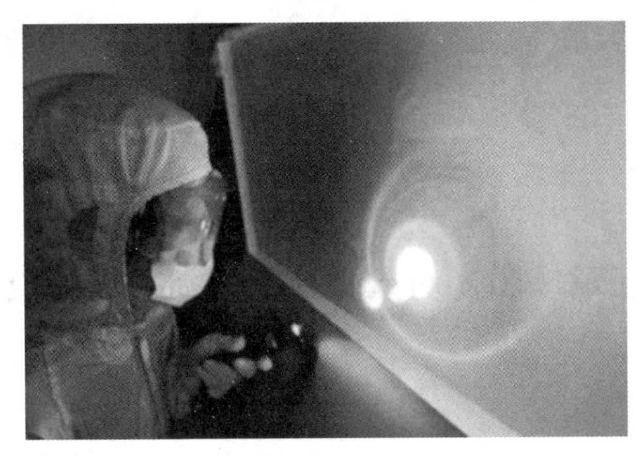

图 2-15　大尺寸激光薄膜元件

超快激光薄膜

薄膜中心还研制了用于超强超短脉冲激光系统特需、控制色散的色散镜，例如啁啾镜对、高色散镜和低色散镜它们是超快激光系统中的关键元件。

宽带、高反射的低色散镜可以有效避免在高功率激光系统中额外引入色散。这些低色散镜在 700—900 纳米的波长范围内，可以获得接近零的群延迟色散以及高反射率（＞99.5%，S 偏振光，45°），现已成功应用于世界领先的上海超强超短 10 拍瓦激光系统中。

空间激光薄膜

指应用于空间环境中的激光薄膜，需要在高低温交替的真空环境中稳定使用，并且要能承受长期的辐照。为了研制用于我国嫦娥探月工程和其他航天工程的激光系统的激光薄膜，薄膜中心针对特定空间环境优化了薄膜沉积工艺，并研究了真空、污染、温度循环、长期辐照对薄膜性能的影响。目前这类空间薄膜元件已经在相关的空间激光系统中得到成功应用。

此外，随着我国经济的快速发展，一些激光系统由军用转向民用，也推动了军民两用技术的产业化。科研院所实验室里的产品、设备不仅要为高功率、高能激光等国家重大学术研究项目提供服务，更要应用于激光加工、激光医疗等民用领域。近年来，在研究院所和高校的帮助支持下，我国通过引进设备或技术，诞生了一大批激光、光电子和光学薄膜元件生产企业，满足了发展激光产业的需求，也促进了激光技术的发展，为百姓造福。

第三章　激光对人类社会创新发展的贡献

一、激光应用已成为国民经济发展中的新兴产业

激光在我们的生活中已经如此普遍，它已经渗透到各行各业。全球激光产业发展至今，与激光相关的产品和服务已经遍布全球，形成了涵盖面广且庞大的产业，而且也形成了较为完备的产业链要素。 产业链上游主要包括光学材料及元器件，中游主要为各种激光器及其配套设备，下游则以激光产品、消费产品、仪器设备为主。激光产业链如图 3–1 所示：

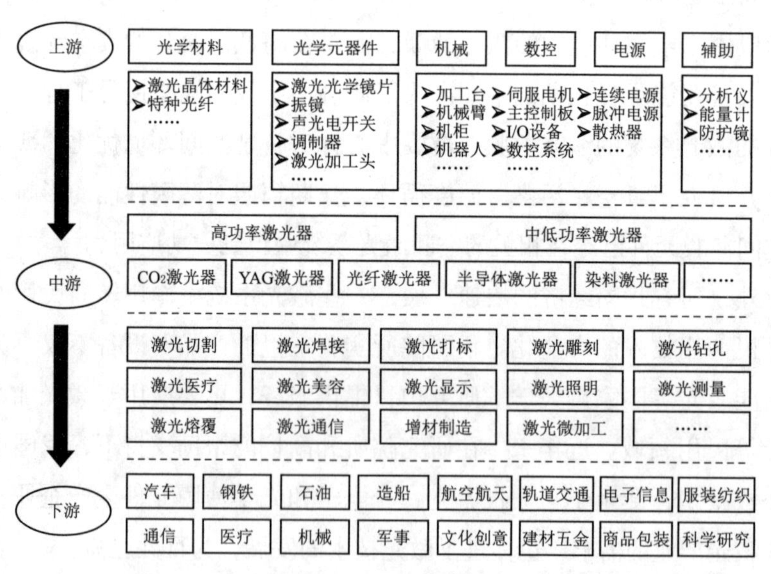

图 3–1　激光产业链

从全球范围来看，新一轮的科技革命正不断催生新的业态。智能制造、新能源和物联网等新领域的技术研发和产业化将加速全球产业布局调整。在这一背景下，我国的激光产业也步入了新的阶段，呈现出新应用、新模式、新格局等特点。在我国，激光已经成为国民经济发展中的新兴产业。

2010 年时，美国《激光世界》(*Laser Focus World*) 杂志统计，国际激光器的直接销售额已超过 50 亿美元，激光技术辐射产业仅美国市场就达到 7.5 万亿美元。

美国某知名市场研究机构的市场报告曾指出，即使是在近几年全球经济持续低迷的时期，工业激光市场依旧充满活力。 2016 年全球激光器的销售额 104 亿美元，比 2015 年的销售额 97.1 亿美元增长约 7.1%，(见图 3–2)。随着制造业设备的升级，该机构曾预计，2017 年全球激光器销售额将达到 110 亿美元，而 2017 年全球激光器的实际销售额增长至 124.3 亿美元。

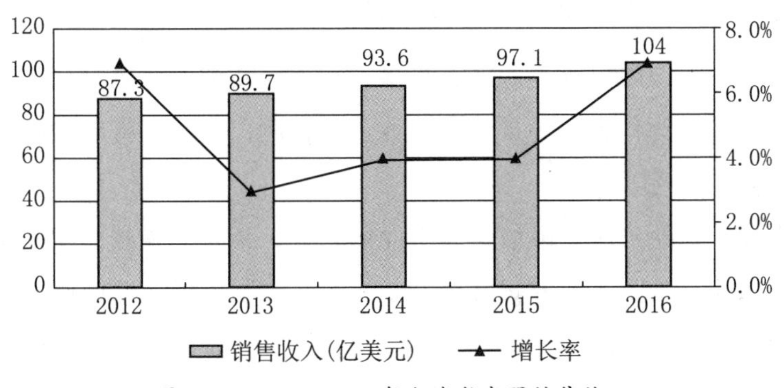

图 3–2　2012—2016 年全球激光器销售收入

在 2016 年的销售额中，激光材料加工和光刻领域再次成为收入占比最大的部分，约为 40.72 亿美元，通信和光存储激光销售约为 37.32 亿 美元位居第二，科研和军事市场约为 8.77 亿美元位居第三，其余部分激光医疗和美容市场为 8.38 亿美元，仪器与传感器市场为 6.8 亿美元，而娱乐、显示与打印市场排在最后，为 2.68 亿美元。尽管中国经济增长有所放缓，但出口到中国的激光器却保持增长态势。中国手机市场的蓬勃发展给平板显示制造商带来了巨大的商机，用于制造有机液晶（OLED）显示器的准分子激光器在亚洲市场销售势头强劲。

2010 年以来，得益于应用市场的不断拓展，中国激光产业也逐渐进入高速发展期。在经过 2015 年增速放缓后，整个市场又重新驶入快车道。2016 年，在工业、信息、商业、医用和科研领域的激光设备（含进口）市场销售总收入高达 385 亿元，较 2015 年同比增长了 12 个百分点。2010—2016 年中国激光设备的销售情况如图 3-3 所示：

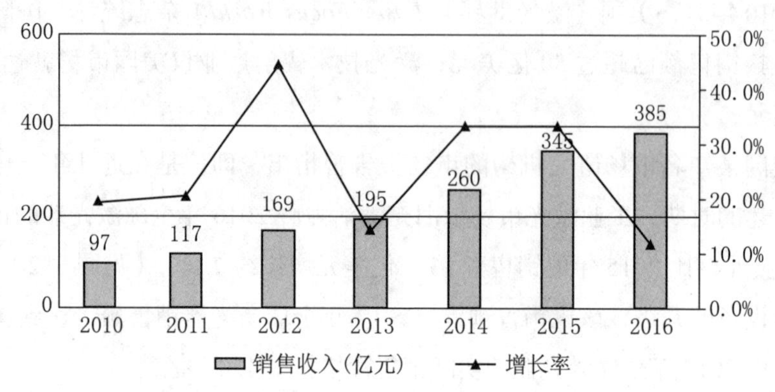

图 3-3　2010—2016 年中国激光设备市场销售收入

近十年来，国内形成了武汉、长春、深圳等几个产业集群，以及以大族激光、华工激光为代表的一批上市企业。据预测，中国还将成为国际激光工业应用的最大市场。

激光加工企业与所在区域其他产业的合作，正在变得越来越紧密。当前国内 OLED 生产线进入了建设高峰期，一批激光加工设备厂商已开始布局面板修复和切割设备，并与京东方、华星光电等主力面板厂商展开合作。

国家也出台了多项政策去扶持和推动激光相关产业的发展，相关政策文件包括：《国家中长期科学和技术发展规划纲要（2006—2020 年）》以及 2015 版、2017 版的《〈中国制造 2025〉重点领域技术路线图》。其中，《国家中长期科学和技术发展规划纲要（2006—2020 年）》明确将激光技术与生物、信息、新材料、先进制造、先进能源、海洋、空天等技术并列为发展前沿技术。《〈中国制造 2025〉重点领域技术路线图》更是将激光车载雷达系统、激光遥感探测技术、激光微孔成型、激光复合焊接、激光搅拌摩擦焊等新装备、激光家庭影院、激光显示等多个激光新技术和新产品列入国家战略计划。2016 年颁布的《机器人产业发展规划（2016—2020 年）》将机器人作为重点发展领域进行了总体部署，旨在推进我国机器人产业快速健康可持续发展。

而工业机器人技术与激光技术的融合，特别是在汽车领域的应用大大促进了激光加工工业机器人产业的形成与发展。“增材制造与激光制造”更是列入了国家重点研发计划中的重点专项项目，以促进我国增材制造与激光制造学术研究、技术攻关、应用推广等方面的快速发展。

我国激光加工产业按区域划可以粗分为四个产业带：珠江三角洲、长江三角洲、华中地区和环渤海地区。这四个产业带的侧重原本有所不同，珠三角以中低功率激光加工设备为主，长三角以高功率激光切割焊接设备为主，环渤海以高功率激光熔覆设备和全固态激光器件为主，以武汉为首的华中地区则覆盖了大多数的高、中、低功率激光加工设备。随着多个省市地区将光电子产业作为地方重点规划和发展方向，国内激光加工产业带的边界正逐渐变得模糊。

当前，我国规模以上的激光企业已遍布华东、华南、华北、东北、华中及西部地区。激光产业在华东的代表省份是浙江、江苏以及直辖市上海，温州、苏州、南京是两省主要的激光企业聚集地。上海依托中国科学院上海光机所等科研院所成为我国激光技术的重要输出城市之一，温州于 2013 年成功获批国家激光与光电创新型产业集群，南京新港高新技术产业园也于 2015 年成功获批“国家火炬南京新港光电及激光特色产业基地”。广东和福建是我国华南地区的代表省份，福建省依托中国科学院福建物质结构研究所在激光晶体材料方面独树一帜，广东省深圳市的中低功率激光加工设备以及光纤激光器在国内市场占有较高的份额。在北部，吉林、辽宁、河北、山东以及北京、天津等地都汇聚了一批实力不俗的激光企业。无论是有“中国光学摇篮”之称的长春，还是规划打造激光产业高地的鞍山，都在推进从上游光学元器件到中游激光器再到下游激光应用的全覆盖产业链。华中地区的最大城市武汉是中国激光技术应用的发源地之一，也是全国仅有的两家国家级光电子产业基地所在地之一。围绕华中科技大学、武汉邮电科学研究院等高校、科研院所聚集了 200 余家从事激光相关技术研发和生产的企业，产值和市场份额占据全国激光产业的半壁江山。中国科学院合肥物质科学研究院则在激光光谱学与大气（激光）光学等方面具备国内领先的科研实力。陕西和四川是西部代表省份。依托中国科学院西安光机所和西部天使基金，西安正成为新的光电子高新企业孵化摇篮。四川则在高精度激光元器件、超强超快激光等方面具备一定研发实力。

二、激光通信和互联网

互联网始于1969年美国的阿帕网，是网络与网络之间所串连成的庞大网络。这些网络以一组通用的协议相连，形成逻辑上的单一巨大国际网络。这种将计算机网络互相联接在一起的方法称作“网络互联”，在这基础上发展出覆盖全世界的全球性互联网络称为“互联网”，即是互相连接在一起的网络结构。从整体上来说，计算机网络就是把分布在不同地理区域的计算机与专门的外部设备用通信线路互联成一个规模大、功能强的系统，从而使众多的计算机可以方便地互相传递信息，共享软件、数据信息等资源。简单来说，计算机网络就是由通信线路互相连接的许多自主工作的计算机构成的集合体。因此，互联网的建设离不开通信和通信线路。由于激光的发明而诞生的激光通信使得人类的通信方式产生了质的飞跃，也为互联网的建设提供了技术基础。

激光通信是一种利用激光传输信息的通信方式，按传输媒质的不同，可分为自由空间激光通信和光纤激光通信。

自由空间激光通信是在大气层内外直接传输激光信号的通信。激光的直接通信的应用主要有：地面间短距离通信、通过卫星中继的全球通信和星际通信。空间激光通信技术缩短了卫星和地球之间、地球和星际间的距离。随着激光技术的发展，激光通过自由空间对水或水下通信也可能实现。

图3-4　开创光纤通信并获得2009年诺贝尔物理学奖的高锟博士

光纤激光通信是利用光纤传输激光信号的通信。光纤即为光导纤维的简称。光在光纤中传播是利用光的全内反射原理，全内反射角由介质的折射系数决定。

1938年，美国与日本的公司开始生产玻璃长纤维。但是，这个时候生产的光纤是裸纤，没有包层。裸纤会引起光泄漏，光甚至会从粘附在光纤上的油污泄漏出去。

光纤通信技术的发展历史应从1966年英籍

华人高锟博士（见图 3-4）发表的一篇划时代性的论文算起。他提出带有包层材料的石英玻璃光学纤维能作为通信媒质，从此，开创了光纤通信领域的研究工作。

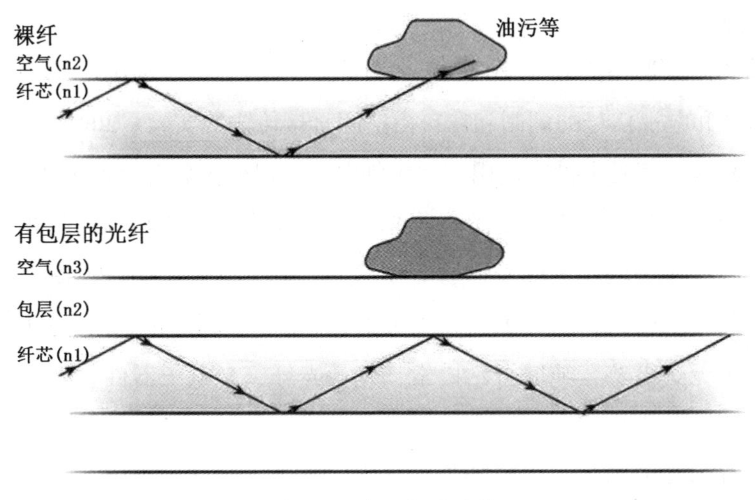

图 3-5　光纤包层的作用

1977 年，美国在芝加哥相距 7000 米的两电话局之间，首次用半导体激光器作光源，多模光纤作传输介质，成功地进行了光纤通信试验。0.85 微米波段的多模光纤为第一代光纤通信系统。

1981 年，美国又实现了两电话局间使用 1.3 微米多模光纤通信，为第二代光纤通信系统。

1984 年，该团队实现了 1.3 微米单模光纤的通信，即第三代光纤通信系统。

20 世纪 80 年代中后期，又实现了 1.55 微米单模光纤通信，即第四代光纤通信系统。

20 世纪末至 21 世纪初，第五代光纤通信系统——光孤子通信问世，用光波分复用技术提高速率，用光波放大增长系统的传输距离。光孤子通信系统可以获得极高的速率，在该系统中加上光纤放大器有可能实现极高速率和极长距离的光纤通信。

光纤通信的发展极其迅速，至 1991 年底，全球已敷设光缆 563 万千米，到 1995 年已超过 1100 万千米。光纤通信在单位时间内能传输的信息量极大。

一对单模光纤可同时开通35000个电话，而且它还在飞速发展。光纤通信的建设费用正随着使用数量的增大而降低，同时它具有体积小、重量轻、使用金属少、抗电磁干扰、抗辐射性强、保密性好、频带宽、抗干扰性好、价格便宜等优点。

中国的激光通信起步于20世纪60年代。中国科学院利用可见氦氖激光进行了语音和电视信号的调制和在自由空间直接传输的实验。20世纪70年代初，世界光纤通信尚未投入实用，武汉邮电科学研究院就开始研究光纤通信。由于武汉邮电科学研究院采用了石英光纤、半导体激光器和编码制式通信机的技术路线，使中国在发展光纤通信技术上少走了不少弯路，也使中国光纤通信在高新技术中与发达国家保持不大的差距。当时中国处于封闭状态，国外技术基本无法借鉴，纯属自己摸索，包括光纤、光电子器件和光纤通信系统的研制，困难极大。

1978年改革开放后，光纤通信的研发工作大大加快。上海、北京、武汉和桂林都研制出光纤通信试验系统。1982年，邮电部重点科研工程“八二工程”在武汉开通。该工程被称为实用化工程，要求一切是商用产品而不是试验品，要符合国际电报电话咨询委员会（CCITT）标准，要由设计院设计、工人施工。从此，中国的光纤通信进入实用阶段。

20世纪80年代中期，数字光纤通信的速率已达到144 Mb/s，可传送1980路电话，超过同轴电缆载波。于是，光纤通信作为主流被大量采用，在传输干线上全面取代电缆。经过国家“六五”到“九五”四个“五年计划”，中国已建成“八纵八横”干线光网，连通全国大部分的省区市，光纤通信已成为中国通信的主要手段。1999年，我国生产的8×2.5 Gb/sWDM系统首次在青岛至大连开通，随之沈阳至大连的32×2.5 Gb/sWDM光纤通信系统开通。2005年，3.2 Tb/s超大容量的光纤通信系统在上海至杭州开通，是当时世界最大容量的实用线路。

中国已建立了相当规模的光纤通信产业。中国生产的光纤光缆、半导体光电子器件和光纤通信系统除供国内建设还实现了对外出口。中国的通信企业在国际上已名列前茅，在通信的5G时代，中国的企业华为已从过去的跟跑、追赶者，成为标准制定者、国际领跑者。

三、激光传感器与物联网

物联网（Internet of Things）是一个基于互联网、传统电信网等信息承载体，让所有能够被独立寻址的普通物理对象实现互联互通的网络。它具有普通对象设备化、自治终端互联化和普适服务智能化三个重要特征。如果用一句话来表述“物联网”即：物联网把所有物品通过信息传感设备与互联网连接起来，进行信息交换，即物物相息，以实现智能化识别和管理。因此物联网像互联网一样，首先离不开激光通信，尤其是高速光纤激光通信，其次，物联网还离不开各种传感器。在物联网应用的各种物理传感器中，光学传感器品种繁多，是主要传感器之一，但都离不开激光。它们大体可分为两类：直接利用激光的激光传感器，利用光纤和激光相结合的光纤传感器。

1. 激光传感器

主要利用激光的方向性好、单色性纯和高亮度等特点实现无接触的远距离测量。激光传感器常用于长度、距离、速度、方位、振动和应力等物理量的测量，还可用于探伤和大气污染物的监测等。

激光传感器工作时，先由激光发射二极管对准测量目标发射激光脉冲。经目标反射后激光向各方向散射。部分散射光返回到传感器接收器，被光学系统接收后成像到雪崩光电二极管上。雪崩光电二极管是一种内部具有放大功能的光学传感器，因此它能检测极其微弱的光信号，并将其转化为相应的电信号。常见的是激光传感器有：

激光长度传感器

精密测量长度是精密机械制造和光学加工工业的关键技术之一。现代长度测量多是利用光波的干涉现象来进行的，其精度主要取决于光的单色性的好坏。激光是最理想的光源，它比以往最好的单色光源（氪-86灯）还纯10万倍。因此激光测长的量程大、精度高（见图3-6）。由光学原理可知，单色光的最大可测长度L与波长 λ 和谱线宽度 δ 之间的关系是 $L=\lambda/\delta$。用氪-86灯可测最大长度为38.5厘米，对于较长物体就需分段测量而使精度降低。若用单频激光器，则最大可测几十千米。一般测量数米之内的长度，其精度可达0.1微米。当采用稳频的双频激光干涉的方法，长度测量精度更可高达纳米量级。

图 3-6　激光测长仪

激光雷达传感器

激光雷达的工作原理与无线电射频雷达相同，以激光作为信号源，由激光器发射出的脉冲激光，打到地面的树木、道路、桥梁和建筑物上，引起散射，一部分光波会反射到激光雷达的接收器上，测量光脉冲的往返时间，再乘以光速，即得到从激光雷达到目标点的距离。如果脉冲激光不断地扫描目标物，就可以得到目标物上全部目标点的数据，用此数据进行成像处理后，就可得到精确的三维立体图像。至于目标的径向速度，可以由反射光的多普勒频移来确定，也可以测量两个或多个距离，并计算其变化率而求得速度，这也是直接探测型雷达的基本工作原理。

由于激光具有方向性好、单色性纯和高功率等优点，这些对于测远距离目标、判定目标方位、提高接收系统的信噪比、保证测量精度等都是很关键的，因此研制激光测距仪从激光刚发明时就受到了重视。例如，采用重复频率固体脉冲激光器的激光雷达，测距范围可达 500—2000 千米，误差仅米级。甚至有的研发单位研制出的系列测距传感器在数千米测量范围内的精度可以达到微米级别。

激光雷达测距传感器通过记录并处理从光脉冲发出到返回被接收所经历的时间，即可测定目标距离。激光传感器必须极其精确地测定传输时间，因为光速太快。例如，光速约为 3×10^8 米 / 秒，要想使分辨率达到 1 毫米，则测距传感器的传输时间测定电子电路必须能分辨出以下极短的时间：

$$0.001 \text{ 米} / (3 \times 10^8 \text{ 米} / \text{秒}) = 3 \text{ 皮秒}$$

要分辨出 3 皮秒的时间，这对电子技术提出了极高要求，实现起来造价太高。但是如今的激光测距传感器巧妙地避开了这一障碍，利用一种简单的统计学原理，即多次平均法可很容易地实现毫米级的分辨率，并且能保证足够的响应速度。

一般激光距离传感器采用固体激光器、二氧化碳激光器以及半导体激光器作光源。目前，市售的用于建筑行业的激光测长仪已经非常小巧实用，而且价格便宜。

激光测振传感器

它基于多普勒原理测量物体的振动速度。多普勒原理是指：若波源或接收波的观察者相对于传播波的媒质而运动，那么观察者所测到的频率不仅取决于波源发出的振动频率，而且还取决于波源或观察者的运动速度的大小和方向，所测频率与波源的频率之差称为多普勒频移。在振动方向与方向一致时多普勒频移计算公式为：

$$fd = v/\lambda$$

式中 v 为振动速度、λ 为波长。在激光多普勒振动速度测量仪中，由于光往返的原因，$fd = 2v/\lambda$。

这种测振仪在测量时由光学部分将物体的振动转换为相应的多普勒频移，并由光检测器，将此频移转换为电信号，再由电路部分作适当处理后送往多普勒信号处理器，将多普勒频移信号变换为与振动速度相对应的电信号，最后把电信号记录存储下来。

这种测振仪采用单频激光器，用声光调制器进行光频调制，用石英晶体振荡器加功率放大电路作为声光调制器的驱动源，用光电接收器进行光电检测，用频率跟踪器来处理多普勒信号。它的优点是使用方便，不需要固定参考系，不影响物体本身的振动，测量频率范围宽、精度高、动态范围大；缺点是测量过程受其他杂散光的影响较大。

激光测速传感器

它也是一种基于多普勒原理的激光测速设备，用得较多的是激光多普勒流速计，它可以测量风洞气流速度、火箭燃料流速、飞行器喷射气流流速、大气风速和化学反应中粒子的大小及汇聚速度等。

2. 光纤传感器

光纤传感，包含对外界信号（被测量）的感知和传输两种功能。所谓感知（或敏感），是指外界信号按照其变化规律使光纤中传输的激光的物理特征参量，如强度（功率）、波长、频率、相位和偏振态等发生变化，测量光参量的变化即“感知”外界信号的变化。这种“感知”实质上是外界信号对光纤中传播的激光实时调制。所谓传输，是指光纤将受到外界信号调制的激光传输到光探测器进行检测，将外界信号从激光束中提取出来并按需要进行数据处理，也就是解调。因此，光纤传感技术包括调制与解调两方面的技术，即被测量的外界信号如何调制光纤中的激光参量的调制技术（或加载技术）及如何从被调制的激光中提取被测量的外界信号的解调技术（或检测技术）。

根据被外界信号调制的激光的物理特征参量的变化情况，可将激光的调制分为光强度调制、光频率调制、光波长调制、光相位调制和偏振调制等五种类型。由于现有的任何一种光探测器都只能响应光的强度，而不能直接响应光的频率、波长、相位、和偏振调制信号，这些信号都要通过某种转换技术转换成强度信号，才能为光探测器接收，实现检测。

按光纤在光纤传感器中的作用可分为传感型和传光型两种类型。

传感型光纤传感器的光纤不仅起传递激光光的作用，同时又是光电敏感元件。由于外界环境对光纤自身的影响，待测量的物理量通过光纤作用于传感器上，使光波导的属性（光强、相位、偏振态、波长等）被调制。传感器型光纤传感器又分为光强调制型、相位调制型、振态调制型和波长调制型等。

传光型光纤传感器是将经过被测对象调制的激光光信号输入光纤后，通过在输出端进行光信号处理而进行测量的。这类传感器带有另外的感光元件，对待测物理量敏感，光纤仅作为传光元件，必须附加能够对光纤所传递的光进行调制的敏感元件才能组成传感元件。光纤传感器根据其测量范围还可分为点式光纤传感器、积分式光纤传感器、分布式光纤传感器三种。其中，分布式光纤传感器被用来检测大型结构的应变分布，可以快速无损测量结构的位移、内部或表面应力等重要参数。目前，用于土木工程中的光纤传感器类型主要有马赫–曾德尔（Mach-Zender）干涉型光纤传感器，法布里–珀罗（Fabry-Perot）腔式光纤传感器，光纤布拉格（Bragg）光栅传感器等。

光纤传感技术应用范围很广，例如：

光纤传感技术在军事上应用广泛。光纤陀螺仪经过30多年的发展，已经广泛应用于民航机，无人机，导弹的定位和控制中。光纤水听器可以用于船舶军舰收集声音，探测越来越先进的潜艇。近年来，基于光纤传感技术的光纤网络安全警戒系统开始在边防及重点区域防卫中得到推广应用。目前，世界上发达国家使用的安全防卫系统就是基于分布式光纤传感网络系统的安全防卫技术。

光纤传感器在民用领域则应用更广。在石油和天然气行业用来监测油藏井下的P/T传感、地震阵列；在能源工业、发电厂用来监测锅炉及蒸汽涡轮机、电力电缆、电流、涡轮机运输；在航空航天领域用来监测喷气发动机、火箭推进系统、机身；在民用基础建设用来监测桥梁、大坝、道路、隧道、滑坡；在交通运输业用来监测铁路监控、运动中的重量、运输安全；甚至在生物医学中用来监测温度、压力、颅内压测量、微创手术等。比较成功的案例可以举出很多，例如：

在结构工程检测中的应用——将光纤材料直接埋入混凝土结构内或粘贴在表面，是光纤的主要应用形式，可以检测热应力和固化、挠度、弯曲以及应力和应变等。混凝土在凝固时由于水化作用会在内部产生一个温度梯度，如果其冷却过程不均匀，热应力会使结构产生裂缝。采用光纤传感器埋入混凝土可以监测其内部温度变化，从而控制冷却速度。

混凝土构件的长期挠度和弯曲是人们感兴趣的一个力学问题，为此已研制出能测量结构弯曲和挠度的微弯应变光纤传感器。光纤传感器还能探测混凝土结构内部损伤。裂缝的出现和发展可以通过埋入的光纤中光传播的强度变化而测得。

光纤传感技术在桥梁检测中的应用——桥梁是一个国家的经济命脉，桥梁的建造和维护是一个国家基础设施建设的重要部分。利用光纤传感器测量振动，主要可得到桥梁的振动响应参数如频率、振幅等。其方法是：将信号光纤粘贴于桥梁内部，它随着桥梁的振动而产生振动响应，输出光的相位作周期性的变化，则光电探测器接收到的光强也作周期性的变化。

光纤传感技术在岩土力学与工程中的应用——岩土工程检测具有长时效性，环境复杂，受时空限制、施工环境制约等特点，其检测工作一直是待解决的难题。目前已有的常规的测试技术在长期的工程应用中表明，满足上述测试要求十分困难。而由于光纤传感器具有体积小、质量轻、不导电、反应快、抗腐蚀等诸多优良特性，使用它成为岩土力学工程的检测工具，是学者们的研究对象。

三峡大坝坝前水温监测是光纤传感器检测岩土工程的成功应用案例：三峡大坝坝体内部靠近上游面埋设有点式温度计，因埋设点位于坝体内，所测温度与实际库水温度存在一定的差异。为了能更真实地反映库水温度的变化规律，长江科学院结合坝前水温观测的实际现状，在左厂 14–2 坝段布设了一条测温垂线，采取光纤布拉格光栅温度传感器进行监测，通过实际工程应用，光纤布拉格光栅温度传感器测量水温，可以满足水温监测的要求，且与水银温度计直接测量水温相比，效果较好。

四、激光与高端制造

激光加工是指利用高功率密度的激光束照射工件，使材料熔化气化而进行穿孔、切割和焊接等的特种加工。

早期的激光加工由于激光器输出功率较小，大多用于打小孔和微型焊接。到 20 世纪 70 年代，随着大功率二氧化碳激光器、高重复频率钇铝石榴石（Nd：YAG）激光器的出现，以及对激光加工机理和工艺的深入研究，激光加工技术有了很大进展，使用范围随之扩大。数千瓦的激光加工机已用于各种材料的高速切割、深熔焊接和材料热处理等。各种专用的激光加工设备竞相出现，并与光电跟踪、计算机数字控制、工业机器人等技术相结合，大大提高了激光加工机的自动化水平和使用功能。

激光加工为工业制造提供了一个清洁无污染的环境及生产过程，而这也是当下激光加工最大的优势。激光加工技术与传统加工技术相比具有很多优点，所以得到广泛的应用。尤其适合新产品的开发，一旦产品图纸形成后，马上可以进行激光加工，可以在最短的时间内得到新产品的实物。近年来，特别是有关激光 3D 打印的激光增材制造更使激光加工和高效的智能制造联系在一起。

一般激光加工系统，包括激光器、导光系统、加工机床、控制系统及检测系统（见图 3–7）。

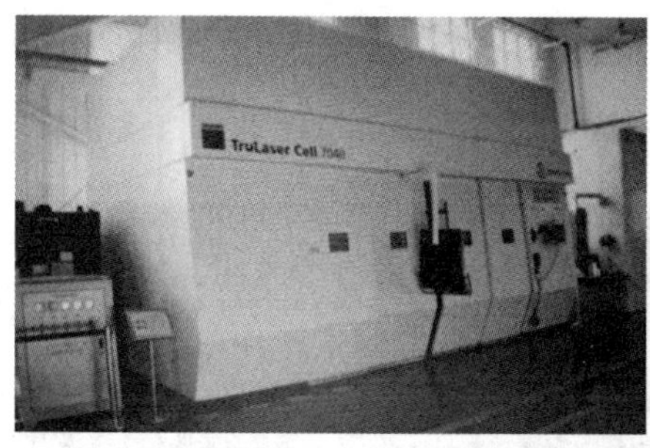

A

B

C

D

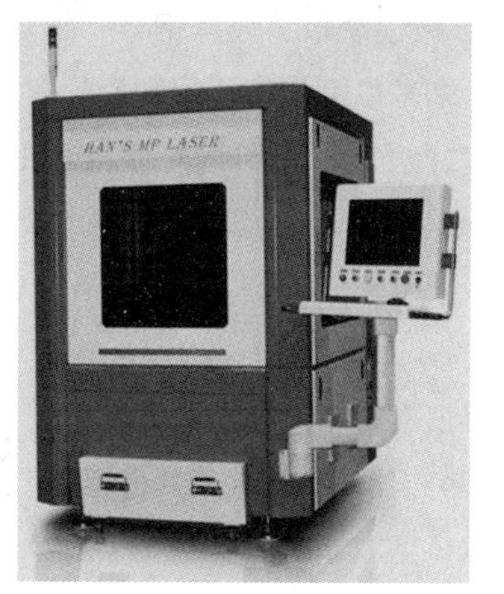

E

A 高端五轴激光切割设备；B 柔性激光三维切割机；C 平面激光切割工作站；D 三维金属打印设备；E 激光划片机。

图 3-7　几种典型的激光加工系统

使用的激光加工工艺包括焊接、表面处理、打孔、打标、微调等。目前应用成熟的激光加工有：

激光焊接

用来焊接汽车车身厚薄板、汽车零件（见图 3-8）、锂电池、心脏起搏器、密封继电器等密封器件，以及各种不允许焊接污染和变形的器件。使用的激光器有 YAG 激光器、二氧化碳激光器和半导体泵浦光纤激光器。

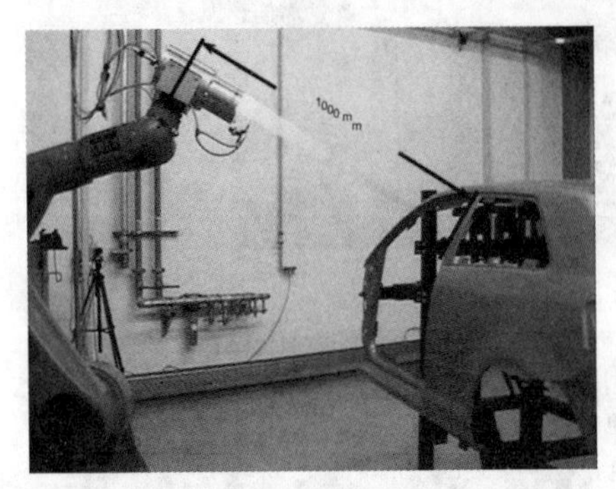

图 3-8 汽车焊接

激光切割

可用于汽车行业、计算机、电气机壳、木模业中各种金属零件和特殊材料的切割，如圆形锯片、亚克力、弹簧垫片、2 毫米以下的电子机件用铜板、一些金属网板、钢管、镀锡铁板、镀锌钢板、磷青铜、电木板、薄铝合金、石英玻璃、硅橡胶、1 毫米以下的氧化铝陶瓷片、航天工业使用的钛合金等等。使用激光器有 YAG 激光器、光纤激光器和二氧化碳激光器等。

在光伏产业中，激光刻槽、激光表面结构、激光掺杂、激光划线切割等技术将进一步提高产业效率。

激光打标

在各种材料和几乎所有行业均得到广泛应用，使用的激光器有 YAG 激光器、二氧化碳激光器和半导体泵浦光纤激光器（见图 3-9）。

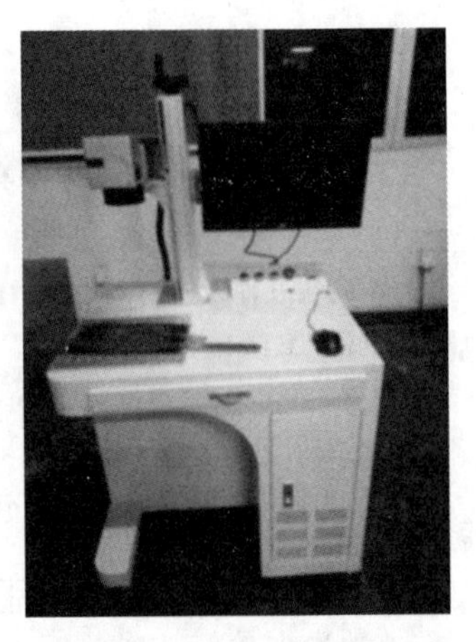

图 3-9 激光打标机及产品标记

激光打孔

激光打孔特别是激光打深孔，主要应用在航空航天、汽车制造、电子仪表、化工等领域。激光打孔发展迅速，主要打孔用的 YAG 激光器平均输出功率已由 400 瓦提高到了 800 瓦至 1000 瓦。国内比较成熟的激光打孔应用是在人造金刚石和天然金刚石拉丝模的生产及钟表和仪表的宝石轴承、飞机叶片、多层印刷线路板等的生产。使用的激光器多以 YAG 激光器、二氧化碳激光器为主，也有一些准分子激光器、同位素激光器和半导体泵浦的固体激光器。

激光热处理

在汽车工业中广泛应用，如缸套、曲轴、活塞环、换向器、齿轮等零部件的热处理，同时在航空航天、机床行业和其他机械行业也广泛应用。我国的激光热处理应用远比国外广泛得多，这和我国一开始的激光器光束性能有关。使用的激光器多以 YAG 激光器，二氧化碳激光器为主。

激光涂敷

在航空航天、模具及机电行业应用广泛。使用的激光器多以大功率 YAG 激光器、二氧化碳激光器和光纤激光器为主（见图 3–10）。

图 3–10　激光喷镀

激光快速成型

将激光加工技术和计算机数控技术及柔性制造技术相结合而形成，多用于模具和模型制造。使用的激光器多以 YAG 激光器、二氧化碳激光器和光纤激光器为主。

激光 3D 打印

该技术是一系列快速原型成型技术的统称，其基本原理是叠层制造，由快速原型机在 X-Y 平面内通过扫描形成工件的截面形状。

金属 3D 打印技术可以直接用于金属零件的快速成型制造，具有广阔的工业应用前景，是国内外重点发展的 3D 打印技术。

下面介绍几种金属 3D 打印原理：

纳米粒子喷射（Nano Particle Jetting，简称 NPJ），NPJ 技术是以色列公司 Xjet 开发的一种金属 3D 打印成型技术。与普通的激光 3D 打印技术相比，其使用的喷料是纳米液态金属，以喷墨的方式沉积成型，打印速度比普通激光打印快 5 倍，且具有优异的精度和表面粗糙度。金属颗粒细化后，金属颗粒分布在液滴中。液滴喷射成型后，液相排出，再烧结成为制件。

选区激光熔化（Selective Laser Melting，简称 SLM），SLM 即选区激光熔化成型技术，是目前金属 3D 打印成型中最普遍的技术。采用精细聚焦光斑快速熔化预置金属粉末，直接获得任意形状以及具有完全冶金结合的零件，得到的制件致密度可达 99% 以上。激光扫描振镜系统是 SLM 的关键技术之一。图 3-11 是激光振镜系统熔化金属粉末状况。

图 3-11　激光扫描熔化金属粉末

金属 3D 打印过程中，由于制件通常较复杂，需要打印支撑材料，制件完成后再去除支撑，取出制件，并对制件的表面进行后处理。

选区激光烧结成型（Selective Laser Sintering，简称 SLS），SLS 技术与 SLM 技术类似，区别是激光功率不同。SLS 也可用于制造金属或陶瓷零件，但所得到的制件致密度低，且需要经过后期致密化处理才能使用。

激光熔覆成型技术（Laser Metal Deposition，简称 LMD），LMD 技术名称繁多，不同的研究机构独立研究并独立命名，常见类型包括：激光涂覆快速制造技术（LENS）、直接金属沉积技术（DMD）、直接光制造技术（DLF）

等。与 SLM 最大不同在于，其粉末通过喷嘴聚集到工作台面，与激光汇于一点，粉末熔化冷却后获得堆积的熔覆实体。

图 3-12 是 LENS 技术的工作过程：

图 3-12　同轴送粉（左）和构建过程（右）

市场上还常见一些非金属的快速成型技术，分为三维快速（3DP）成型技术、数字光处理器（DLP）激光成型技术和紫外线（UV）成型技术等都已广泛应用。

DLP 激光成型技术——DLP 激光成型技术和立体平版印刷（SLA）技术比较相似，不过它是使用高分辨率的 DLP 投影仪来固化液态光聚合物，逐层地进行光固化，由于每层固化时通过幻灯片似的片状固化，因此比同类型的 SLA 立体平版印刷技术的打印速度更快。该技术成型精度高，在材料属性、细节和表面光洁度方面可匹敌注塑成型的耐用塑料部件（见图 3-13）。

UV 紫外线成型技术——UV 紫外线成型技术和 SLA 立体平版印刷技术也比较类似，不同的是它利用 UV 紫外线照射液态光敏树脂，一层一层由下

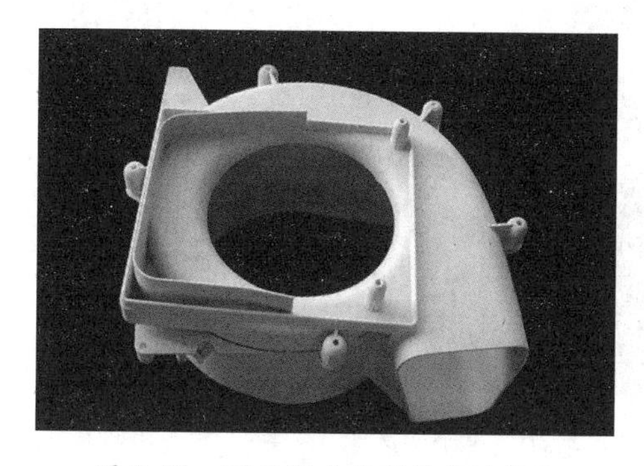

图 3-13　DLP 激光成型技术的成品

图 3-14　UV 激光成型技术制作的工艺品

而上堆栈成型，成型的过程中没有噪音产生，在同类技术中成型的精度最高，通常应用于精度要求高的珠宝和手机外壳等行业（见图 3–14）。

目前市场上有一种用激光 3D 打印技术进行关键零部件的修补和强化的方法受到用户的广泛好评，并且应用前景非常广阔。其技术核心是利用激光烧结合金粉末，对关键零部件的受创面进行修复，同时对零部件进行强化，延长其使用寿命，大大提高了维修效率，并降低了维修成本。这样的技术思路不仅与国家的循环经济再制造等政策高度符合，同时也对用户有着极大的吸引力。

激光 3D 打印技术未来的发展将主要集中在高功率和深度应用等方向。在智能制造升级中，它将扮演重要的角色，在精密机械、能源、电子、石油化工、交通运输等几乎所有的高端制造领域具有广阔的工业应用前景。尤其是飞机、航空发动机等高端装备中一些大型关键结构件，用传统方法制造是非常困难的，代价也是巨大的。3D 打印的优势在于，不需要开模，质量可靠，性能优异，尤为重要的一点是，可以大幅实现零件“减重”，降低能耗。通过激光 3D 打印技术，既解决了科学前沿问题，又满足了国家重大装备制造需求。

我国目前已经在航天航空制造中采用激光 3D 打印制造大型钛合金零部件。北京航空航天大学的王华明院士（见图 3–15 和 3–16），已经持续二十多年开展“钛合金大型复杂整体构件激光成形技术”研究和应用。2012 年，这项技术获得了国家技术发明一等奖。2013 年之后，他们从打印投影面积 5 平方米的零件，到现在可打印投影面积超过 16 平方米的零件。目前，我国在这一领域的研究和应用处于国际引领地位。

图 3–15　王华明院士

图 3–16　王华明院士（右二）和其团队在察看 3D 打印制造的大型零件

五、激光与印刷

1. 激光汉字照排

1976年，英国蒙纳公司将激光扫描技术应用到照相排字机上，制成Lasercomp型激光照相排字机。激光照排是利用计算机控制激光设备进行照相排字的技术，实际上是一种电子排版系统。它将文字通过计算机分解为点阵，然后控制激光在感光底片上扫描，用曝光点的点阵组成文字和图像。激光照排机进行光电转换并在胶片上曝光生成潜影。激光照排机的曝光光源有半导体激光与红外激光管。照排机产生的激光束有4路（束）、8路、16路、32路等。激光束越多，扫描的速度就越快。激光束在银盐胶片上扫描、曝光，使胶片生成潜影，经胶片显影机显影、定影、水洗、烘干后完成激光照排的全过程。根据用户的需要，照排机安装了不同的工作软件，可以自动将输入的彩色图文，分别按印刷的要求扫描出四张带黑白小网点的胶片，又称挂网、分色，以满足用户在胶印时分别使用红、青、黄、黑四种油墨叠加印刷出彩色的需要。

激光照排机由激光头的安装位置不同，分为内鼓式和外鼓式两种。激光头安装在转动的圆鼓内的照排机结构称为内鼓式。感光胶片在机内卡装在圆鼓上，胶片的感光药膜面朝内，朝向激光射出的方向，日本网屏等公司的产品多是这一类，这种结构精度高、成本高。激光头安装在转动的圆鼓外的照排机结构称为外鼓式。感光胶片在机内卡装在圆鼓上，胶片的感光药膜面朝外，朝向激光射出的方向，我国杭州生产的照排机大多是这一类，这种结构成本低。有一种将输入图文与分色输出胶片一体化的设备电子分色机，也属于激光照排设备，这种设备精度高、体积较大。

图3-17　王选院士

激光照排技术是20世纪80年代末伴着汉字输入方案的出现在中国推广开来的。这就像活字印刷一样，英文只有26个字母，中文汉字常用的就有30000—50000个，英文的激光照排设备和技术当然是不能通用。王选院士（见图3-17）发明了汉字激光照排，他被称为“当代毕昇”“汉字激光照排之父”。

我们知道汉字字形是由可以用数字信息构成的点阵来表示的。汉字字体、字数比西方字母多，如一个一号字要由八万多个点组成，因此全部汉字字模的数字化存贮量高得惊人。王选领导的科研团队发明了一种字形信息压缩和快速复原技术，使存贮量减少到五百万分之一，速度大大加快。这一构思新颖的高分辨率字形、图形发生器和高速字形复原方法解决了汉字激光照排的关键难题。王选又设计出一种加速字形复原的超大型芯片，这种芯片将汉字输出速度提升到每秒710字，达到当时的最高速度。

汉字激光照排技术改写了我国印刷业的历史。1980年9月15日，一本26页的样书印刷成功，标志着上千年的“铅与火”时代的谢幕和“光与电”崭新时代的到来。从此，传统铅字排版印刷基本绝迹。从毕昇发明活字印刷术起，一千多年来，活字印刷在中文书籍出版中一直占主流。在印刷厂的铅字排版车间里，排字师傅手上需要托着沉重的铅字盒于几十排的字架之间穿梭（见图3-18）。铅字排版车间又黑又脏又有铅污染的场景再也不会出现了。

图3-18　20世纪60年代印刷厂的铅字排版车间（来源：《伊犁日报》）

1993年，王选又带领北大科研团队，告别传统的电子分色机阶段，直接研制开放式彩色桌面出版系统。这一系统，促使中国报纸的质量和发行量大大提高

（见图 3–19）。彩色桌面出版系统，是王选多年努力的最好见证。

1995 年，他建立了北大方正集团，使技术转化为经济实体。时至今日，北大方正已成为全球华文出版印刷领域的领军者。

王选荣获 2001 年度国家最高科学技术奖，不但是对他在科学领域巨大贡献的表彰，也是对他多年坚守的最佳认可。汉字激光照排的发明也使王选几乎囊括了国内外重大的发明奖项。1994 年王选被评为工程院和科学院的两院院士，同年，他还荣获联合国教科文组织科学奖，我国迄今只有袁隆平和王选获得这个奖项。

汉字信息处理

计算机—激光汉字编辑排版系统主体工程研制成功

汉字编辑排版系统的工作流程和软件

滚筒式激光照排机的工作原理

第四代排字机

汉字字模信息的存贮

图 3–19　我国用汉字激光照排系统排印的首张报纸样张

2. 激光印刷

第一台激光打印机诞生于 1971 年。激光打印机是将激光扫描技术和电子照相技术相结合的打印输出设备。其基本工作原理是由计算机传来的二进制数据信息，通过视频控制器转换成视频信号，再由视频接口 / 控制系统把视频信号转换为激光驱动信号，然后由激光扫描系统产生载有字符信息的激光束，最后由电子照相系统使激光束将数字化图形或文档快速“投影”到一个感光表面（感光鼓），被激光束命中的位置会发生电子放电现象，由于静电作用，一些纤细的“墨粉”像被磁铁吸引般地转印到纸上，从而完成打印。因其核心技术为激光成像技术，所以这种打印技术称为激光打印技术。

激光打印机的研制，起源于施乐（Xerox）公司 1948 年生产的世界首台静电复印机。激光发明以后，科学家们开始潜心研究激光技术和激光调制技术在打印机的应用。1977 年，施乐公司研制的激光打印机投放市场，标志着印刷业一个新时代的开始。随着半导体激光器的发展、微机控制和激光打印机生产技术的日益成熟，激光打印成本不断降低，到了 20 个世纪 90 年代，激光打印机开始走向普及。相比其他打印设备，激光打印机有打印速度快、成像质量高等优点，但使用成本相对高昂。

二十世纪八九十年代，由上海市经济委员会组织中国科学院有关研究所、部分高校和企业开展过激光打印机的研制工作，研制出了工程样机。但考虑到经济成本等种种原因，没有进一步形成产品和进行市场开发。

六、激光信息存储和显示

伴随着信息资源的数字化和信息量的迅猛增长，人们对存储器的存储密度、存取速率及存储寿命的要求不断提高。在这种情况下，光存储技术应运而生。光存储技术具有存储密度高、存储寿命长、非接触式读写和擦出、信息的信噪比高、信息位的价格低等优点。

激光存储最简单的方法是用激光在介质上烧蚀出小凹坑。介质上被烧蚀和未烧蚀的两种状态对应着两种不同的二进制数据。识别存储介质这些性质的变化，即可读出被存储的数据。

在“信息存储”领域，依靠光存储技术的中 CD 和 DVD 大容量数据存储得以实现。

1. 光盘存储技术

20 世纪 90 年代中期，5.25 英寸磁光盘（即 MO，3.5 英寸的 MO 只出现在日本）系统取代了 12 英寸写一次可读多次（WORM）光盘的统治地位，并且把这种地位一直保持到最近。在 MO 驱动器中有一个电磁头来极化记录层上的磁点，它只有在温度很高时才会改变。所以 MO 磁盘的工作方式是：MO 磁盘的一面上有一个激光二极管把极点加热到临界温度（称为“居里点”），而在另一面的磁头把该点极化。当该极点“旋离”激光头后，该点会迅速冷却下来，并保持了极性，除非对它再次加热和加磁。一般的磁铁摩擦甚至核磁共振扫描仪都对 MO 磁盘没有影响。

MO 最大的竞争来自 1990 年出现的可读写压缩光盘，主要有两种：

光存储技术 CD：当第一批可读写 CD-R 系统上市时，这种系统的驱动器和盘片的价格很高。但这种技术在出现后就被迅速标准化，还推出了一种可多次读写的（CD-RW）光盘。很快标准的 CD-RW 驱动器（CD 刻录机）和盘片的零售价都降下来了。

光存储技术 DVD：DVD 的记录采用了相变技术，其原理是：激光二极管发出的热量使记录点呈现高反射状态（“结晶态”）或另外一种状态（“非晶体”），而第二个激光二极管在读取这两种不同状态时把它们分别标识为“1”或“0”。相比之下，CD-R 只写一次，因为它使用“烧蚀”技术在记录层中产生一种永久性的、物理的标记。

DVD 的容量不是由数据存储企业界设置的，而是由影视界制定的。一张 DVD 光碟需要容纳两个小时的全部影片，并能提供广播电视级的图像大小和质量。最终，DVD 采用了紧密的压缩算法（MPEG-2），每个记录层的最低容量是 4.7GB。现在这个数字已经成了标准。不久又出现了一种更专用的可读写格式，即 DVD + RW 格式。

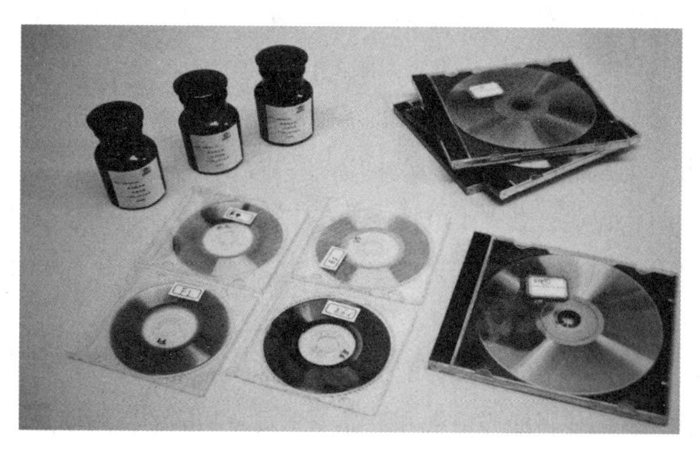

图 3–20　我国研制的多种形式的光存储材料及其制成的光盘片

但是 CD、DVD 上市没多久，另一种更方便移动使用的磁记录方式出现了，即固态硬盘和 U 盘。由于 U 盘的存储容量不断扩大，价格不断地降低，使得光存储技术逐步退出了家用电子消费市场。但在政府部门、档案馆和博物馆等有海量数据需要永久保存的单位，光存储技术仍有很大需求和市场。

2. 激光电视

激光电视是采用激光光源作为显示光源并配合前投影显示技术成像，配备专用投影幕，可接收广播电视节目或互联网电视节目的投影显示设备。

激光电视的特点有：

（1）激光电视色彩鲜明、亮度高、主机可灵活摆放。激光电视首先可适应所有电视标准，即 PAL 制、NTSC 制、SECAM 等高清晰度电视信号制式，目前已支持到 4K 显示分辨率。

（2）使用红、绿、蓝三基色固态激光器作为系统光源，或使用单色固态激光器激发荧光粉作为系统光源，或使用固态激光器结合 LED 作为系统光源的混合技术投影光源。

（3）寿命长。它的室温寿命一般可达 2.5 万小时，相比传统投影机灯泡寿命的 3000 小时有了很大提升，完全满足电视使用寿命的需要。

（4）较安全。激光电视中的红、绿、蓝三色可见光激光光束是经过扩束整形设备后再投射到屏幕上的，人眼观看到的发光图像已经是柔和光线，不会对人眼造成伤害。激光电视通常配有人眼保护装置，当人眼靠近激光束时，能够自动降低亮度，进一步避免对人眼的伤害。

（5）观看舒适。激光电视的图像获取来自激光电视屏幕反射自激光电视主机的光线，与人眼观看世间万物的原理一致，观看舒适、自然、不伤眼。据权威相关机构评测，激光类电视产品是全面满足理论视觉要求且对肉眼无害的显示产品。屏幕无电磁辐射，护眼、健康、舒适，相比观看液晶电视舒适度提升 20%。

（6）抗环境光。激光电视标配抗环境光幕，屏幕将环境光对图像的影响进行了消除，从而使得激光电视和液晶电视具有相同的使用场景，进一步提升体验效果。

（7）适于家庭安装。激光电视较同尺寸的液晶电视更加小巧，功耗更低，同尺寸下的性价比更低，适合摆放在家庭客厅。

（8）色域覆盖率高。通过电视信号接入图像并使用数字光处理（DLP）技术或硅基液晶（LCOS）技术在专用投影幕上显示图像，激光电视色域覆盖率理论上可以高达人眼色域范围的 90% 以上，是目前 LED 电视最高的 62% 色域覆盖率无法相比的（见图 3–21）。色域覆盖率的提高，不仅可以使整个电视画面看起来更加真实、有层次感和通透，同时结合微显示技术的高分辨率显示较大幅度地提升了电视的观看临场感。

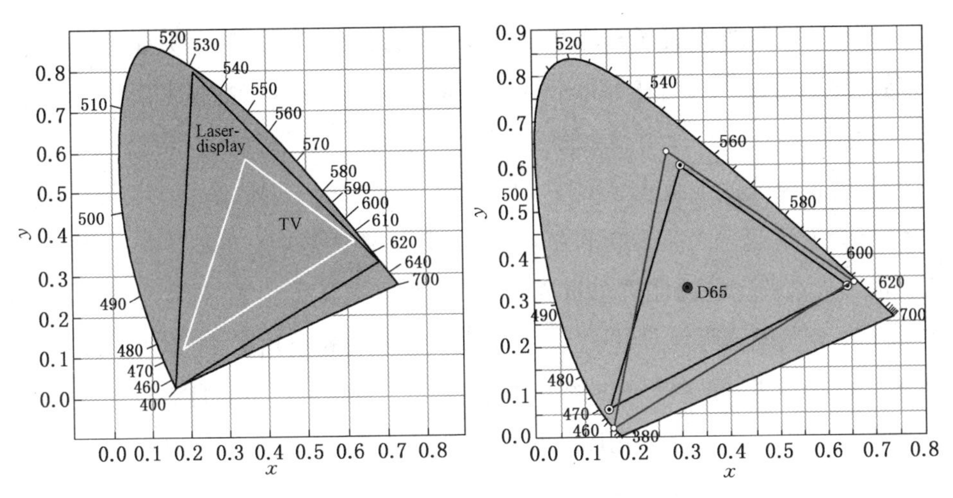

图 3-21　三原色激光色域图

激光电视与LED电视相比，首先在图像显示方面，与LED同为固态光源的激光，无论是技术、成本还是领先性等方面，生来就有着LED难以比拟的诸多优势，色彩更鲜明、亮度更高，在激光电视的技术上也掌握着主动地位。

（9）节能环保。激光电视的优势不仅是在颜色显示上。由于产品以激光器为主，经过光信号的处理，最终形成图像，这样基本上可以去掉许多传统的相关部件，节省成本30%至40%。激光电视在超大屏幕制造方面也有着先天的优势。与同尺寸的LED、液晶电视比较，激光光源的寿命更长，可以达到10万小时以上，其耗电量也更低，符合社会节能环保需求。

激光电视的构成主要有两部分：

激光电视光源模组——光源模组为红、绿、蓝三基色固态激光器，或使用单色固态激光器激发荧光粉作为发光光源，或使用固态激光器结合发光二极管作为系统光源的混合技术显示光源模组，为激光电视的成像提供基色或混色光源。激光器发射特定波长和颜色的光线，光线经过光束整形或经过颜色转换后进入成像模组进行成像。

激光电视成像系统——成像系统一般对光源模组的出射光线进行整形，并采用DLP技术或LCOS技术进行微显示成像及图像显示。以数字微镜元件（DMD）芯片为例，DMD芯片是激光电视的成像核心组件，排列了数百万面小镜子，而且每面小镜子都能够以每秒钟几万次的频率向正负方向翻转。光线通过这些小镜子反射在屏幕上直接形成图像，由于人眼的视觉惰性，会将高速轮换照射在同一像素点上的三基色混合叠加，形成彩色。

彩电企业往往是激光显示技术推广者。2005年，日本索尼公司斥资在爱知世博会上建起一个有500平方米巨幕的巨大激光影院；2006年，三菱公司推出40英寸激光电视样机；2007年，索尼再次高调推出60英寸激光电视样机；2007年美国国际消费电子展上，索尼和三菱分别展出了55英寸、40英寸的激光电视样机。此外，还有德国LDT公司，日本的松下、日立、东芝、爱普生公司，韩国的三星公司以及我国的海信集团等企业也都传出积极研究激光电视、激光投影产品的消息。

日本索尼公司开发的激光电视主要采用“直扫描”和“线扫描”方式，德国LDT公司、韩国三星公司则采用“点扫描”方式。而日本三菱公司推出的采用三基色激光光源的DLP背投电视，支持色彩空间国际标准，去掉了色轮之后，单片DMD芯片也有了上佳的色彩表现。这款激光DLP背投电视与以往DLP背投最大的不同是取消了灯泡作为光源，以及分色用的色轮，转而采用三个半导体激光器发出三基色光源，通过光纤传输给DMD芯片，由于在光纤内部多次反射，降低了激光特有的干涉条纹。同时，为了实现图像的还原，三菱还开发了图像调制系统自然色彩矩阵（NCM），将视频信号中的亮度信号与色彩信号分离，更将色彩信号分解为12组单独色相进行控制，以得到最佳的色彩还原效果。因此，这台激光背投的色彩还原能力得到了国际电工委员会（IEC）的认可，认为其能够达到色彩空间的宽广色域，比采用的广播电视信号色彩空间提升1.8倍。日本三菱公司利用彩色激光制造的新一代轻型高清电视，其图像质量可超过电影画质。随着2008年三菱正式在美国市场推出65英寸、73英寸激光电视，标志着全球消费电子企业在第四代电视显示技术——激光显示领域的争夺战已经全面开打。

2014年，国际激光显示技术发展到产业化前期阶段，核心材料与器件的工业化生产、配套产业的完善以及争夺先期市场成为发展重点，为进一步加速我国激光显示产业化进程，国家科技部在《国家高技术研究发展计划》（“863”计划）中，“新一代激光显示技术工程化开发”被明确作为八个重大产业发展方向之一，这就为我国在这一新兴的高技术产业领域指明了自主创新方向。类似在平板显示时代，中国由于核心技术的缺失，被外商赚取产品70% 以上收益的现象，应该从此一去不返，在错过了显像管显示和平板显示之后，我国应该抓住机遇，在国际激光显示产业中占据一席之地。

大屏幕激光电视的应用市场主要是大型场馆，如体育场馆、大型会议室、宾馆设施、市政建设等。产业化技术和市场的成熟、成本价格的降低，使激光电视在大型场馆的应用率大幅提高，进入家庭的时间也会缩短。据预测，激光电视进入普通家庭尚需五至十年的时间。届时，激光电视将会取代传统显示电视，如果进入家庭，其年产值将达到数千亿元。

在激光电视技术领域，我们面临的挑战是：

核心部件待突破。激光器是激光电视中最为昂贵以及核心的部件，多采用半导体材料，如何降低成本将是激光电视产业化亟待解决的问题。另一方面，由于受制于体积及技术影响，国产半导体光源技术还有待进一步提升，现有激光电视产品一般采用国外进口半导体器件。核心的微电子、微机械显示芯片（DLP/LCOS）依赖进口，在产业中尚受制于人。

显示技术面临竞争激烈。在当前的大屏幕显示方案中，具有大尺寸液晶电视、激光电视、OLED 电视、MicroLED 显示等多种技术形态产品。在未来的显示技术竞争中，激光电视将面临以上多方面的技术和产品竞争，激光电视必须持续发展，保持竞争优势，才可长期占据市场领先地位。

激光电视作为一种创新技术，目前已经完全具备了颠覆液晶的条件。2017 年末，我国家电企业海信集团已经推出了从 80 英寸到 150 英寸的全尺寸段 4K 激光电视和激光影院产品，宣布激光电视全面进入 4K 时代。2018 年 5 月，海信集团隆重推出了 80 英寸 4K 激光电视，其新品不到 2 万元人民币的售价，只需 3 米的视距，最高 400 尼特堪比液晶的亮度，正式向 65 英寸以上大尺寸液晶电视市场份额发起全面冲击（见图 3–22）。

这几年来，我国企业不断推出新品，激光电视的队伍不断壮大，声势日盛。从 2014 年推出全球第一台 100 英寸激光电视至今，我国企业已经快速迭代推出了 5 代激光电视产品，在推出 80 英寸的普及款产品同时还推出了全球首款真正实现双色的 100 英寸 4K 激光电视，牢牢确立了我国作为全球激光

图 3-22　大屏幕激光电视对液晶电视的挑战

电视引领者和规则制定者的角色。2017 年激光电视销售开始不断升温，2017 年第一季度，在液晶电视市场同比下跌 14.9% 的情况下，激光电视大幅上涨 182.9%。

3. 激光 3D 电影放映

激光 3D 电影放映是另一值得重视的技术。由于激光是高纯度的光，在数字电影放映机上，激光的光能量 100% 被利用，氙灯光源的能量利用率低于 20%。在同样一台投影机上，由于激光色饱和度极高，在同样的光通量输出下，使用激光光源产生的视觉亮度是灯泡光源的 1.3 倍以上。在激光投影产品应用方面，在 2008 年北京奥运会、残奥会期间，由北京中视中科光电技术有限公司研发的激光前投影设备作为主显示终端服务奥运主运行中心的工作，因其在稳定性、可靠性、亮度、色彩、持久性等多方面的卓越表现赢得了奥组委高度赞扬。同年，由中视中科研制的世界首台遵循数字电影倡导联盟（DCI）国际数字电影规范的 10000 流明激光数字电影放映机通过了中国计量科学研究院检测，随即在北京、南京等地知名院线投入商业运营，取得了良好的业绩。

该激光显示技术公司在产业化能力上已进入世界先进水平。其申请的激光显示相关专利超过 110 余项，涉及激光显示的主要关键环节，全面覆盖材料、激光器件、匀场、消相干和整机技术。拥有的专利数占中国相关专利总数的 90%，在全球相关企业中拥有激光显示专利数排名前三。

七、激光医疗与防护

1. 激光技术的临床应用

激光的临床应用是从眼科开始的，随着医用激光器的改进和发展，20 世纪 70 年代初，激光已广泛地用于临床各科。如 1970 年开始应用氦氖激光治疗高血压等内科疾病。同年，二氧化碳激光问世，促进了激光在外科手术上的应用。据 1971 年的统计，当时全世界有 5 万名患者接受了激光手术，治愈率达 76%。1972 年，Nd：YAG 激光已用于胃肠、泌尿外科，并用于内窥镜实验。1975 年，Nd：YAG 激光内窥镜被用于凝固出血点和治疗肠道急性出血。1976 年，该技术被用于切除膀胱肿瘤。1978 年，Nd：YAG 激光已广泛用于胸外科、皮肤科、五官科、妇科等。

20 世纪 70 年代，由于激光广泛用于临床，从而掀起了一场世界范围内的激光医疗热。自 1975 年在以色列召开的第一届国际激光外科学会议开始，以后每两年召开一次，到 1979 年为止，参加会议的代表从第一次的 8 人增加到几百人。1979 年 3 月，在美国底特律召开了第一次国际激光医学研讨会，到会代表 400 余人，来自 16 个国家。在这段时期，激光临床应用的论文平均每年发表 70 余篇。

同一时期，我国的激光医学也获得了长足的发展。1970 年，中国科学院上海光机所成功研制中国第一台红宝石激光视网膜凝固机。1971 年，上海市第六人民医院发表了第一篇红宝石激光凝固视网膜的临床报道；1973 年，上海医科大学附属眼耳鼻喉医院、中山医科大学等单位用国产的二氧化碳治疗机在外科、皮肤科、五官科、妇科、肿瘤科等开展了激光手术治疗；1980 年，上海中山医院和中国科学院上海光机所合作，用国产连续高功率 Nd：YAG 激光器进行了世界上第一例激光切除肝脏手术（见图 3–23）。1974 年，我国开始研制激光内镜系统；1975 年，氦氖激光被用于治疗头痛、皮肤急慢性溃疡、高血压等病，同时用氦氖光针做穴位麻醉进行胃、甲状腺等手术。1977 年，我国首届激光医学学术交流会在武汉召开，宣读了 80 余篇论文。

20 世纪 70 年代末，我国已能制造 10 多种医用激光器，并用以治疗 250 多种疾病，有上百万例患者接受了治疗。在激光治疗技术方面，如激光刀、

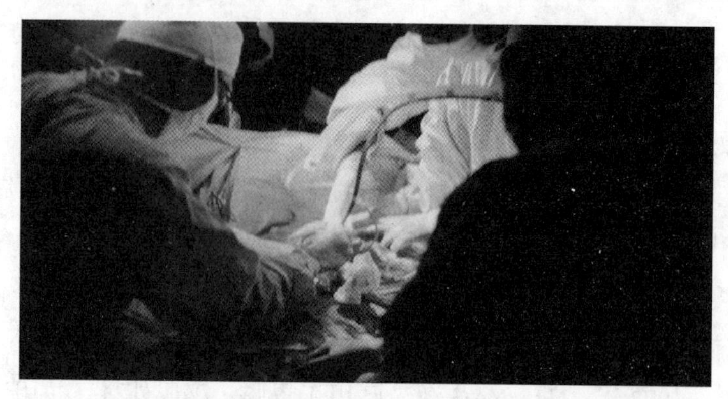

图 3-23　世界上第一例连续 Nd：YAG 激光切除肝脏手术

激光治疗机、激光微光束技术、内窥镜激光、光动力学疗法等几乎在临床各科都得到应用。我国将激光与中医针灸结合应用于临床，这在国际上是领先的。1980 年，在东京举行第一次国际激光医学学术交流会，中国激光医学工作者用激光光动力学原理治疗肿瘤的病例数是最多的。在中医针灸采用激光光针的应用和染料激光的临床应用方面，也均居领先地位。

在基础医学研究和医学诊断方面，利用各种激光新技术，如荧光漂白恢复技术、激光衍射测量技术、激光流式细胞计、激光喇曼光谱技术等，科研工作者可进行细胞及分子水平的研究，能测出物质内部或细胞内的分子结构或组分。利用激光分析、诊断仪器，如激光肿瘤诊断分析仪、激光全息显微镜、激光基因定序仪、光学 CT 等有可能快速、客观地得出分析、诊断结果。

当前，激光医学的发展促进了医用激光器产业的发展。国际上，医用激光器已形成大产业，产品 40 多种，年销量已突破 10 亿美元。我国有上百个厂家生产医用激光器。国内许多医院大多采用国产机器，但一些高端医用激光设备仍依赖从国外进口。

激光治疗近视眼

1983 年，准分子激光治疗设备被发明，1985 年该设备已应用于临床治疗近视，使得治疗近视的安全性和精确性有大幅度的提高。目前，用于治疗近视的激光技术主要有以下几种：

准分子激光角膜切削术（PRK），属于表面切削手术范畴。PRK 多应用于治疗 700 度以下中低度近视的病人，缺点是手术后几天内会有疼痛感。由于破坏了角膜的正常解剖结构，术后可出现角膜浑浊、眩光和屈光回退等并发症。针对特定的人群，例如角膜太薄不适合接受 LASIK/ 飞秒激光 LASIK 手术的近视患者，且近视度数很低的患者。

准分子激光原位角膜磨镶术（LASIK，简称 IK），即准分子激光手术，20 毫米切口大，主要通过角膜板层刀制作角膜瓣。LASIK 手术是在 PRK 的基础上发展起来的，该手术避免了 PRK 手术后的角膜上皮过度增生和角膜雾状混浊现象，以其适应范围更广、效果更加稳定而受到广大近视患者的青睐。

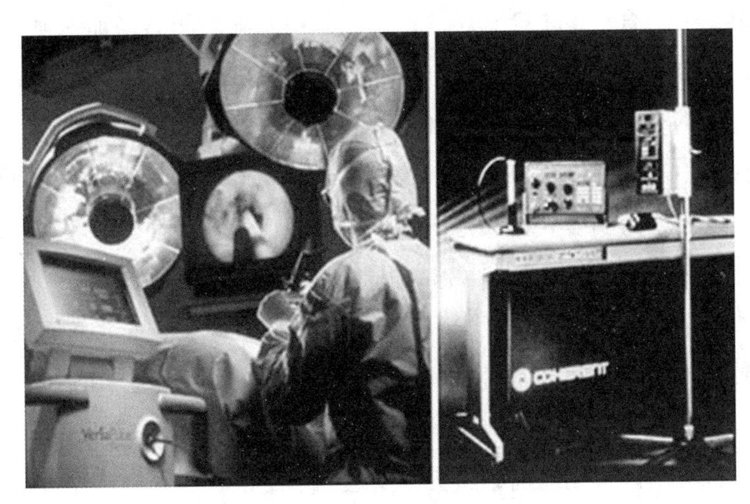

图 3-24 早期的激光眼科手术

准分子激光上皮下角膜磨镶术（LASEK，简称 EK），是针对不能通过 LASIK 手术进行矫治的较薄角膜，高度、超高度近视患者的一种激光治疗近视手术。该项手术克服了 PRK 的疼痛。LASEK 手术是用上皮刀切出一个厚度为 60—80 微米、直径 8—10 毫米、蒂的弧度为 30 度的上皮瓣，掀开上皮瓣后用准分子激光进行原位磨镶来改变角膜的屈光度从而达到矫正近视、散光的目的，而后进行上皮瓣复位。手术后对于超高度数的患者可以解决像差、眩光问题，安全性也提高了，术后屈光度波动极少、屈光回退最少。

波前像差引导准分子激光手术（TORION LASIK，又称 TK），20 毫米大切口，是针对 IK 的更新。TK 手术是根据患者眼球的各项屈光数而“量身定做”设计出来的最佳方案。它不但考虑患者的远视、近视度数，更重要的是根据每一个患者具体的角膜地形情况、像差情况，进行个体化的综合治疗，使得手术后视力有可能达到或接近人正常视力的极限。TK 新技术解决了 LASIK 手术难以克服的误差问题，让手术变得更精确、安全和完美。这是眼科激光手术继 LASIK 以后的最大进展。

植入式隐形眼镜（ICL），是一种高精度手术，欧美已有二十多年的成功经验了，并经过美国食品药品监督管理局（FDA）和欧洲统一（CE）认证，是一种安全有效地治疗超过度近视的方法。由于 ICL 是长期植入眼睛内部，所以无须维护。植入的 ICL 晶体采用高科技生物仿生科技，不会与任何眼睛内部组织发生结合，也不会移位。即使个别患者随着年龄增加，视力有所改变，而导致植入的 ICL 晶体不再合适，可以随时把 ICL 晶体取出。ICL 植入手术具有“不改变眼球组织结构和形状”等优点，具有较强的可逆性，手术后恢复快、不需住院，对高度、超高度（近视 1200 度以上远视 600 度以上）的患者，效果尤为明显。可大范围地矫正近视、远视和散光，不去除、不破坏眼角膜组织，无手术缝合，卓越的视觉质量可提前预见。

飞秒激光技术，是当今激光眼科学界的前沿技术，它是一种以脉冲形式运转的激光，持续时间非常短，只有几个飞秒（1 飞秒就是 10^{-15} 秒），飞秒激光能聚焦到比头发的直径还要小得多的空间区域，用来进行微精细加工。早在我国引用飞秒激光之前，英美等发达国家早已在海军陆战队和战机飞行员中开展飞秒制瓣的激光手术，那些特种士兵优先接受这种手术，不仅能提高夜视力，还能使成像能力更加精细。从解剖学到物理学、从手工到电脑、从有刀到无刀，飞秒激光是医学发展的必然趋势。飞秒激光的出现，使人类第一次在眼角膜手术上离开了手术刀，真正实现了全程无刀手术，把激光治近视手术推向了一个更精确、更安全、更清晰的新高度。

飞秒激光 LASIK（俗称半飞秒），20 毫米大切口，手术无痛。飞秒激光通过安全制作角膜瓣，精确控制角膜瓣的厚度，从而使视觉质量达到最佳，让你的视力瞬间清晰，但不适合有干眼症、散光及角膜较薄的患者，由于切口大，也就没有全飞秒 SMILE 那样更有利于保护角膜结构。

全飞秒激光，包括全飞秒 FLEX（20 毫米大切口，已淘汰）及全飞秒微创 SMILE（小切口，仅有 2—4 毫米）。全飞秒微创 SMILE 技术无须制作角膜瓣，切口小也就更有利于保护角膜结构，效果稳定，手术时间短，也适合有干眼症、散光及角膜较薄的患者。全飞秒激光手术（见图 3–25）的全过程实现了真正意义上的微创化，保证了手术后“无切口”状态，完全摆脱准分子激光和角膜板层刀。所以，“全飞秒”比“半飞秒”手术更精确、更安全、更舒适，术后恢复更快。

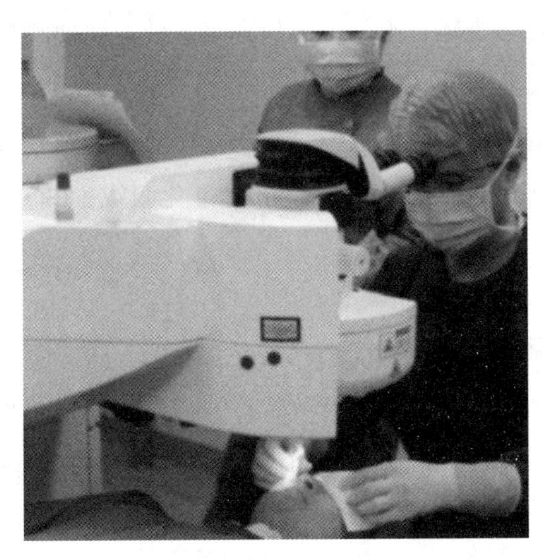

图 3–25　全飞秒激光近视治疗

2. 激光的防护

激光对人体和工作环境构成危害的有直射光、反射光和漫散射光。进行激光加工和激光治疗时，还可能产生有害的烟雾、蒸汽和噪声等，对环境造成辐射危害。大功率激光辐射会破坏某些精密仪器，甚至引起火灾。激光器电源的高压也可能造成危害。

激光辐射能对人眼和皮肤造成严重伤害。人眼对不同波长激光的透射和吸收不同，不同波长激光对人眼伤害的部位也不同。激光辐射造成的眼部伤害主要有由紫外线导致的光致角膜炎（又称电光性眼炎或雪盲），由可见光导致的视网膜烧伤凝固、穿孔、出血和爆裂，以及由红外激光导致的晶状体混浊、角膜凝固等。激光辐射造成的皮肤伤害主要有色素沉着、红斑和水泡等，伤害程度取决于辐射剂量的大小，而这与激光器的输出能量、工作波长和工作状态有关，其中能量是最主要的因素。

激光防护通常是对激光源、操作人员和工作环境分别采取相应的保护措施。具体的措施有：在有激光的工作场所应张贴醒目的警告牌，设置危险标志；工作人员应先接受激光防护的培训；进入工作场所应带激光防护眼镜；激光不用时，应在输出端加防护盖，应尽量让光路封闭，避免人员暴露于激光束。另外，应保持光路高于或低于人眼高度，这对可见光波段以外的激光尤其显得重要；在激光运行空间内应保证足够的照明使眼睛的瞳孔保持收缩状态；激光操作人员进行定期体检。

采取激光辐射防护措施的依据是激光安全防护标准。通用的国际标准主要有世界卫生组织（WHO）标准、国际标准化组织（ISO）标准和国际辐射防护协会（IRPA）标准等。

八、激光的商务应用

基于激光技术发展起来的条码扫描器（见图 3-26）又叫条码阅读器、条码扫描枪、激光条码扫描器。 条码扫描器广泛应用于商业 POS 收银系统、快递仓储物流、图书服装医药、银行保险通信等多个领域的需求。只要有条码的地方就一定有激光条码扫描器。激光使得电子商务、网上交易更为便捷。

现今，条码扫描技术已经被广泛地运用到诸多领域和行业中，比如零售行业，制造业，物流、医疗、仓储，乃至安保等等。最近热门的二维码扫描技术可以快速准确地甄别信息。你的手机在安装有含二维码识别软件后，可以直接用手机摄像头来扫描和识别二维码所包含的信息。每个社交软件用户都可以生成自己唯一的二维码，当你看到二维码的时候，手机扫描一下就可以准确地出现想要查找的人的信息，可以有效地防止加错不认识的人为好友。

图 3-26　激光条码扫码器

现在，很多快餐店里都推出了用二维码扫描电子优惠券代替以前的电子优惠券。现在的二维码扫描优惠券不再受时间和地区的限制了，为更多的消费者提供了便利，也让商家实现了大规模的促销。

可见，条码扫描器的前景将是不可限量的，因为这完全符合现代社会快节奏步伐下人们用最短的时间做事的心态诉求，这也是大势所趋。

九、激光照明

激光照明作为新一代的照明技术，主要分为红外激光照明和可见光激光照明两种。

红外激光照明的原理是：利用半导体材料在空穴和电子复合的过程中电子能级的降低而释放出光子来产生光能，然后光子在谐振腔间进行谐振而产生半导体激光。多应用于夜视、夜间摄像头监控照明。

可见光激光照明，按原理分为蓝光激发荧光粉实现白光照明，以及红、绿、蓝激光合成白色激光实现真彩色光照明，在汽车大灯、激光光束灯等领域有着广泛应用前景。

如图 3-27 所示，汽车企业新研制的激光大灯同时采用 LED 和激光模组，

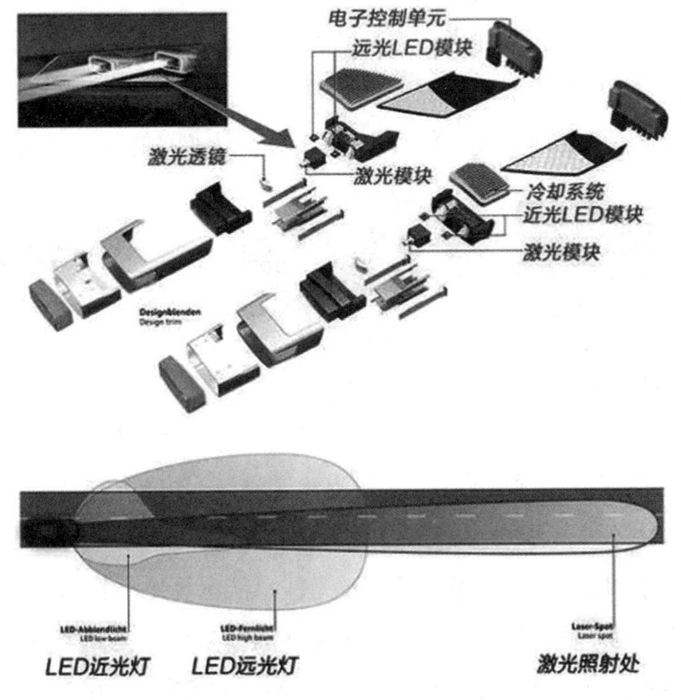

图 3-27　汽车激光大灯原理图

两者相互补充来实现照明。激光照明与现有的 LED 照明相比，其亮度超出 LED 近千倍，同时体积更小、更节能、照射距离更远。基于上述特点，部分业内人士认为未来十年内激光照明有望在一些领域取代 LED 照明。

十、激光与新型能源

激光与新型能源的结合主要体现在激光核聚变的应用。

与核裂变依靠原子核分裂释放能量不同，聚变由较轻原子核聚合成较重原子核释放能量，常见的是由氢的同位素氘与氚聚合成氦释放能量。与核裂变相比，核聚变储量更丰富，几乎用之不竭，且干净安全，不过操作难度巨大。

在内部存在巨大压力的星体，核聚变能在约 1000 万摄氏度的高温下完成；然而，在压力小很多的地球，核聚变所需温度达到 1 亿摄氏度。高功率激光系统的研制和发展使得激光聚变能源成为可能，人们期望通过汇聚大功率激光束来实现核聚变所需的这一高温。

通过核聚变获得清洁能源是人类长期努力的目标。核聚变主要有磁约束和惯性约束两种主要技术途径。惯性约束聚变中以高功率激光驱动的惯性约束聚变（即激光核聚变）的研究较为成熟。多个大型激光装置用来验证激光聚变点火的科学可能性，激光聚变能越来越受到人们的关注（见图 3–28）。

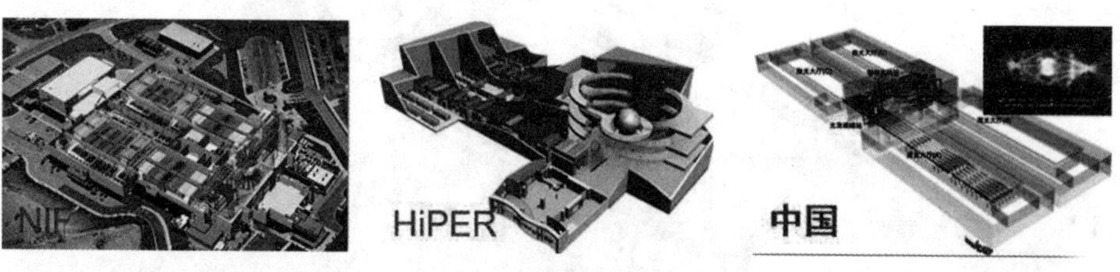

图 3–28　用来验证激光聚变点火科学可能性的几个大型激光装置

1994 年 11 月，美国被称为“国家点火装置”（NIF）的激光核聚变计划正式签发，同时得到能源部“惯性约束核聚变”顾问委员会的赞同。国家点火装置计划采用 192 束 351 纳米波长的激光，总能量为 1.8 兆焦。“诺瓦”聚变激光器的诞生地——劳伦斯利弗莫尔国家实验室被认为是国家点火装置最合适的建造选址。当时计划 1997 年春开始建造，并希望于 2002 年晚些时候建成使用，总预算为10.74亿美元。

自1986年以来，一个被称为“太阳神”的激光核聚变装置就在法国开始运转。“太阳神”由美国劳伦斯利弗莫尔国家实验室工程设计，该实验室和法国里梅尔小组共同建造。因“师出同门”，系统与诺瓦颇为相似，以钕玻璃激光器为基础，3倍频后在351纳米处产生脉宽1纳秒的脉冲，但脉冲能量只有8千焦。

1994年，法国原子能委员会和美国能源部签署了一项美法共享兆焦级激光研究成果的双边协议。1995年5月，法国政府宣布，它将在波尔多市附近建造一个自己的系统。该系统与美国的国家点火装置类似，采用波长351纳米的3倍频钕玻璃激光器，60组共240束（每组4束）激光，总脉冲能量为1.8兆焦。原计划也是1997年初开始建造，预计6—8年建成，耗资12亿美元。

1998年，日本成功研制核聚变反应堆上部螺旋线圈装置和高达15米的复杂真空头，标志着日本已突破建造大型核聚变实验反应堆的技术难点。日本近年来运转的有代表性的装置是大阪大学激光核聚变研究中心建造的“新激光Ⅻ”系统。随拍瓦激光器的迅速发展，该中心正在研究一种“快速点火”方法。其目标是力争在21世纪初实现点火、燃烧和高增益化。

2006年，高功率激光能源研究（Hi PER）项目成为欧洲第一个激光聚变能国际合作研究计划，该项目以建设一台高重复率、聚变反应堆类型的大型激光装置为核心任务，使其成为灵活、反应迅速、能够适应多种科学研究的设施。

美国劳伦斯利弗莫尔国家实验室在2008年提出了激光惯性聚变/裂变能（Laser Inertial Fusion-fission Energy，LIFE）电厂原型机设计概念（见图3–29）。

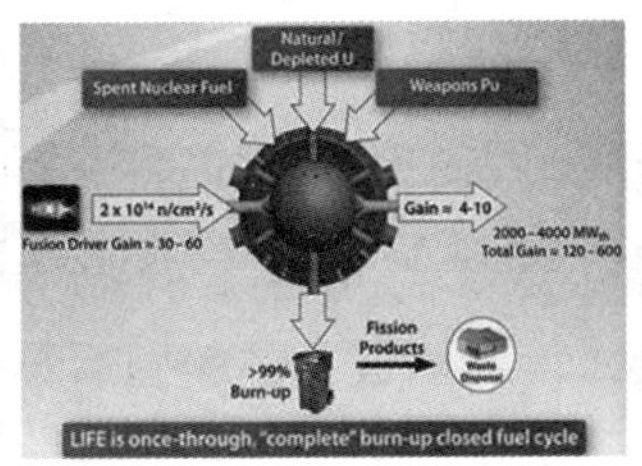

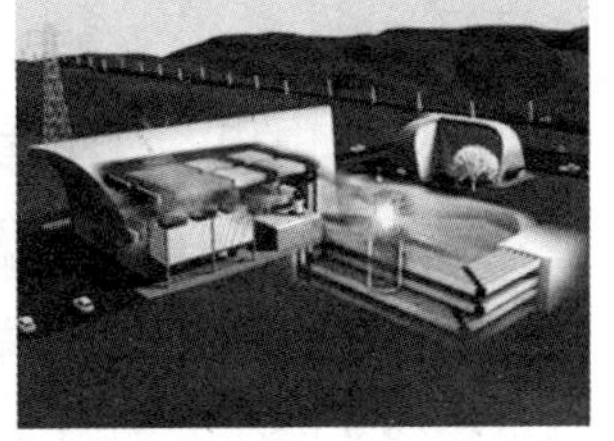

图3–29 美国提出的激光惯性聚变/裂变能电厂原型

2009 年 9 月，该实验室声明称，如果资金足够，激光惯性聚变 / 裂变能电厂原型机将会在 15 年内运行。

2014 年 2 月，拥有世界上最大的“诺瓦”激光器的美国劳伦斯利弗莫尔国家实验室在由美国主要领导的“人造太阳”计划中取得重大进展，可成功产生类似恒星内核的热与力的热量，该项目取得突破性进展。

我国方面，在王淦昌、王大珩和邓锡铭院士（见图 3–30）的建议和领导下，中国于 20 世纪 80 年代较早时候就在中国科学院和中国工程物理研究院联合开展中国惯性约束核聚变研究工作。

图 3–30　王淦昌、王大珩和邓锡铭院士

1993 年，经国务院批准，惯性约束核聚变研究在国家“863”高技术计划中正式立项，从而推动了中国这一领域工作的迅速发展。首先，由中国科学院和中国工程物理研究院联合研制的功率更高的“神光Ⅱ”高功率钕玻璃固体激光系统建成，它在国际上首次采用多项先进技术，成为我国第九个和第十个“五年计划”期间进行惯性约束核聚变研究的主要驱动装置。与此同时，比“神光Ⅱ”激光系统规模更大的新一代“神光Ⅲ”激光系统的设计、研制工作已经开始。

基于我国相关研究基础，经过努力，2015 年 2 月，“神光Ⅲ”主机装置六个束组均实现了基频光 7500 焦、三倍频光 2850 焦的能量输出，激光器主要性能指标均达到了设计要求，我国成为继美国后第二个开展多束组激光惯性约束聚变实验研究的国家。

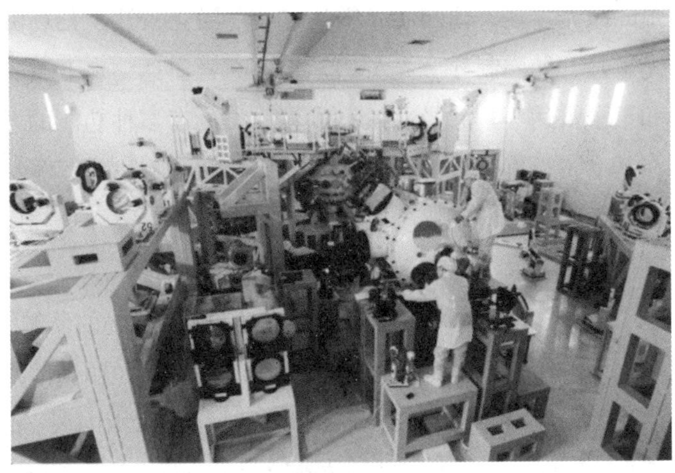

图 3-31　用于激光聚变研究的“神光”系列激光实验装置的靶场

十一、激光雷达与空间探测

激光雷达具有独特的优点，如极高的距离分辨率和角分辨率、速度分辨率高、测速范围广、能获得目标的多种图像、抗干扰能力强、比微波雷达的体积和重量小等。激光雷达能精确测量目标位置（距离和角度）、运动状态（速度、振动和姿态）和形状，探测、识别、分辨和跟踪目标。自 1961 年科学家提出激光雷达的设想，历经近 60 年，激光雷达领域的科研人员从最简单的激光测距技术开始，逐步发展了激光跟踪、激光测速、激光扫描成像、激光多普勒成像和量子成像等技术，进而研发出不同用途的激光雷达，如精密跟踪激光雷达、侦测激光雷达、侦毒激光雷达、靶场测量激光雷达、火控激光雷达、导弹制导激光雷达、气象激光雷达、水下激光雷达、导航激光雷达和量子雷达等。激光雷达已成为一类具有多种功能的系统。目前，激光雷达在低空飞行直升机障碍物规避、化学和生物战剂探测和水下目标探测等军事领域方面已进入实用阶段，其他军事应用研究亦日趋成熟，它在工业和自然科学领域的作用也日益显现出来。

微波雷达接收的信号大多数情况下为目标物的反射信号，而激光雷达可以接收反射信号，也可以接收弹性散射信号，如瑞利散射（Rayleigh scattering）信号、米散射（Mie scattering）信号、共振散射（resonance scattering）信号、荧光（fluorescence）信号及拉曼散射（Raman scattering）信号。激光雷达三维成像系统主要由激光发射部分（脉冲激光器）、光子接收部分（望远镜）、光子检测采集部分（后续光路系统和信号检测采集系统）三个基本部分组成。激光器向空中发射激光脉冲，该激光脉冲在向上传播的过程中不断与大气中原子分子发生相互作用，一旦该脉冲进入望远镜的视场，则相互作用产生的回波将被望远镜接收，该信号经过检测和处理后即可得到有用的激光雷达回波信号。军事领域应用侦察用成像激光雷达，激光雷达分辨率高，可以采集三维数据，如方位角–俯仰角–距离、距离–速度–强度，并将数据以图像的形式显示，获得辐射几何分布图像、距离选通图像、速度图像等，有潜力成为重要的侦察手段。

我国在 20 世纪 60 年代激光发明不久就开始了激光测距仪的研制，并由此开展了一系列不同用途的激光雷达研制：

1. 卫星和月球定轨

在激光测距仪基础上发展起来的激光雷达不仅能测距，而且还可以测目标方位、运算速度和加速度等，已成功地用于人造卫星的测距和跟踪。人造卫星激光测距能精确测定地面测站至装有后向反射器的卫星的距离，并能根据卫星的轨道要素来精确计算卫星与测站的地心坐标等数据。与经典的天文大地测量方法相比，激光测量技术优点是不需测量卫星方位，避免了大气折射等的误差影响。

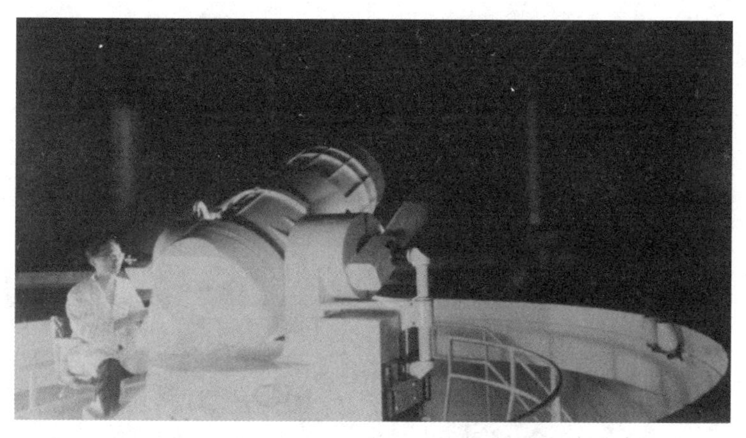

图 3-32 我国研制的卫星跟踪测距激光雷达

激光卫星测量技术从 20 世纪 60 年代中期开始使用，到 1979 年已发射十多颗专门用于这一目的的人造卫星。随着美国“阿波罗”登月计划的实现，人类第一次登上月球并在月球上安放了激光全反射目标器。人们又开始了激光测月的研究工作。激光测卫星和测月球这一方法对天体测量学、大地测量学、地球物理学等学科和地震预报等都有重要意义。到 1979 年，全世界已有十多个国家，二十多个观测站进行这项工作并开展国际协作。

2007 年 11 月 28 日，我国第一颗绕月卫星“嫦娥一号”携带的激光高度计正式开启，发出第一束激光，并接收到第一回波。该激光高度计是“嫦娥一号”卫星搭载的 8 件有效载荷之一，在我国是第一次在空间应用。激光高度计的主要部件包括主要的元器件都是我国自主研制完成的，主要由激光发射模块、激光接收模块、数据处理模块三部分组成。（见图 3-33）

激光高度计

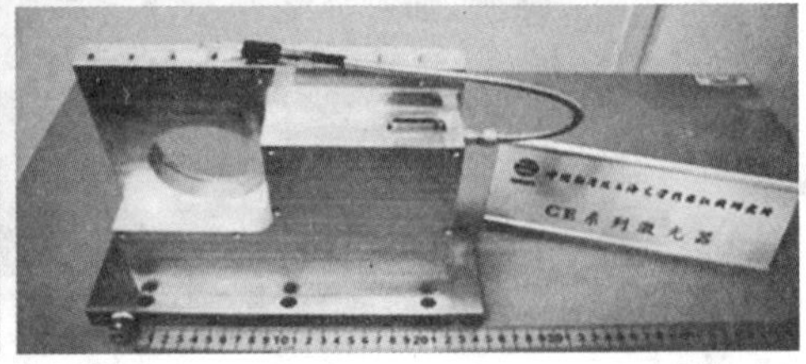

扫描地形雷达

图 3–33 嫦娥工程中的激光系统

2. 激光大气雷达

20 世纪 60 年代，国外就已能够利用激光雷达对大气进行检测，世界上已建有多个激光雷达观测站，包括意大利那不勒斯观测站、美国激光雷达观测站、印度尼西亚斯马特拉岛观测站等。美国利用“发现号”航天飞机搭载激光雷达发射成功，完成了世界上第一次激光雷达空间技术实验，又于 2000 年后发射了五颗搭载激光雷达仪器的卫星，为地球科学提供了大量的相关数据。俄罗斯研制了一种远距离地面的激光雷达毒气报警系统，这一系统是通过对气溶胶的特性研究获得的，通过对化学毒剂的实时探测，从而确定毒剂气溶胶云的离地高度、中心厚度及斜距离等相关参数，从而为人们提供预警。此外，德国也研制出了一种可发出 40 个不同激光波长的连续波二氧化碳激光雷达，可识别和探测 9—11 微米波段光谱的信号，可为大气环境的检测提供有效的数据。

与此同时，中国科学院成功研制出了我国第一台米散射激光雷达，并开展了有关云和气溶胶特性的探测工作。随着激光雷达在大气检测方面应用的不断发展，目前我国已经建立了多个沙尘暴长期观测站。随着应用的不断扩大，国内已有许多单位开始运用激光雷达系统进行大气参数的探测研究。

激光雷达监测环境大气的工作原理是：激光器发射激光脉冲，与大气中的气溶胶及各种成分作用后产生后向散射信号，系统中的探测器接收回波信号并对其进行处理分析，从而得到所需的大气物理要素，例如：云、气溶胶和边界层、大气成分、风和温度的探测数据。

精确的大气风场探测，对于数值天气预报、气候模型改进、军事环境预报、生化气体监控、机场风切变预警等具有重大意义。多普勒测风激光雷达被公认为全球大气风场遥感的最佳方法，也是世界气象组织列出的最具挑战性的激光雷达之一。但激光雷达应用的首要前提是人眼安全，由于光学破坏阈值限制和大口径望远镜加工工艺限制，目前传统激光雷达的性能已经达到顶峰。

2016 年，中国科学技术大学在国际上首次研制出单光子频率上转换量子测风激光雷达，这是当前集成度最高的量子测风激光雷达。不仅简化了系统结构，还提高了系统稳定性和可靠性，并免于周期性校准，实现了大气边界层气溶胶和风场的昼夜连续观测。该技术为小型星载激光雷达提供了新思路，为普及高性价比、高稳定性、超小型化的激光雷达奠定了基础。

十二、水下激光通信和探测

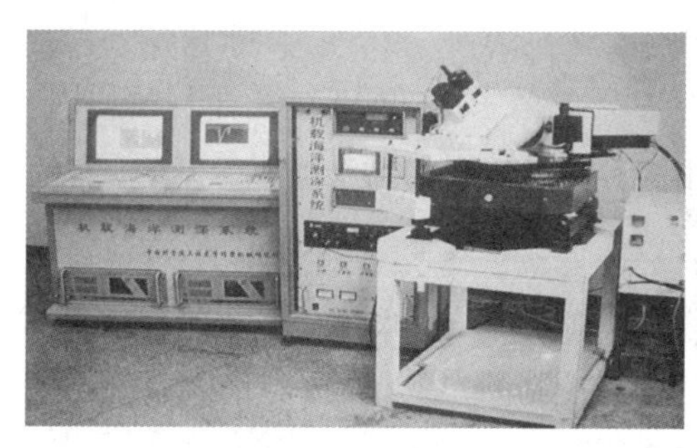

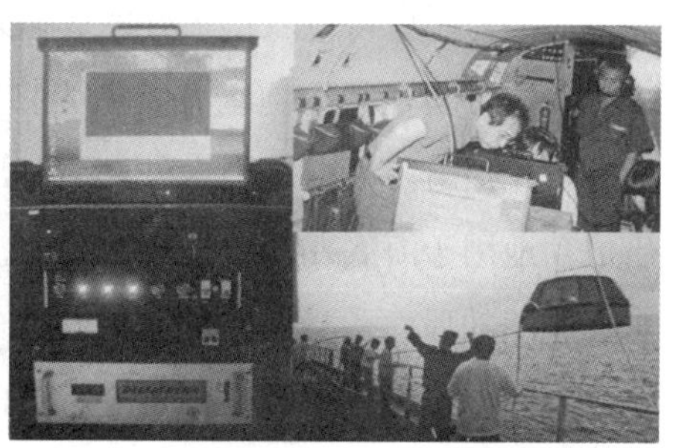

图 3-34　水下通信和探测的激光设备

1. 水下激光成像技术

与我们平常所见空气中成像技术不同，水介质的特性是强散射效应和快速吸收功率衰减，因此直接将摄像机运用到水中，由于强散射效应，图像的干扰信息很多且成像距离有限。激光器的运用从某种程度解决了水下成像的距离问题，在过去的几年中，成像距离和图像质量得到了很大程度的提高，这些进步都是因为采用了非传统成像技术和激光技术。水下成像技术在水下目标发现、海面材料探测及海洋地理工程中具有广泛而重要的应用价值，正受到各国研究者的日益重视。

常规水下成像技术包括激光扫描水下成像和距离选通激光水下成像。

激光扫描水下成像是利用水的后向散射光强相对中心轴迅速减小的原理。在这种系统中，探测器与激光束分开放置，激光发射器使用的是窄光束的连续激光器，同时使用窄视场角的接收器，两个视场间只有很小的重叠部分，从而减小探测器所接收到的散射光，并利用同步扫描技术、逐个像素点探测来重建图像。因此这种技术主要依靠高灵敏度探测器在窄小的视场内跟踪和接收目标信息，从而大大减小了后向散射光对成像的影响，进而提高了系统信噪比和作用距离。

距离选通成像系统采用脉冲激光主动照明与增强型电荷耦合元件（ICCD）选通技术相结合。成像期间，通过对接收器进行选通来减小从目标返回到探测器的激光后向散射。在该系统中，非常短的激光脉冲照射物体，照相机快门打开的时间相对于照射物体的激光发射时间有一定的延迟，并且快门打开的时间很短，在这段时间内，探测器接收从物体返回的光束，从而排除了大部分的后向散射光。由于从物体返回来的第一个光子经受的散射最小，所以选通接收最先返回的光子束可以获得最好的成像效果。

美国其实在很早前已开始激光扫描水下成像系统的研究，由于保密原因，没有正式报道。目前，国内外已研制出多种型号激光扫描水下成像系统，有的已成功地用于海底勘测、搜索和摄像。该系统被布设在潜艇下面，或者拖曳在水面舰船的后面。当船向前航行时，该系统就成像出海底的二维图像。有的公司研制的同步扫描系统使用快速旋转的棱镜控制激光束扫描，目前该系统已装备潜艇。

水下激光三维成像技术

以上两种技术不能提供完整的三维信息，而条纹管水下激光三维成像技术可提供较为详细的三维信息。

如果要获得物体的三维信息，可以通过使用多个探测器设置不同的延迟时间来获得物体在不同层次的信息，因而它具有提供成像物体准三维信息的能力。条纹管水下激光三维成像技术使用脉冲激光，接收装置是时间分辨条纹管。发射器发射一个偏离轴线的扇形光束，然后成像在条纹管的狭缝光电阴极上，用平行板电极对从光电阴极逸出的光电子进行加速、聚焦和偏转，同时垂直于扇形光束方向有一个扫描电压能够实时控制光束偏转，这样就能得到每个激光脉冲的距离和方位图像。采用传统的CCD技术对这些距离和方位图像进行数字存贮，使系统的脉冲重复频率与平台的前进速度同步，以压路刷方式扫过扫描路线。这种成像结构中，每个激光脉冲在整个扇形光束产生一个图像，用来提供更大的幅宽。因此，使用当前的激光器和CCD技术和相对适中的脉冲重复频率，就能得到较高的搜索速度。

偏振光水下成像技术方面，国外从20世纪60年代起做了不少模拟实验。一些实验表明，大多数漫射目标倾向于使圆偏振光退偏振的程度优于对线偏振光的退偏振。

97%的海洋水体中，在数量上占优势的散射颗粒为直径小于1微米的小颗粒，其相对折射率为1100—1115，它们一般遵从瑞利或米氏散射理论。如果在水下用偏振光源照明，则大部分后向散射光也将是偏振的，这就可以采用适当取向的检偏器对后向散射光加以抑制，从而使图像对比度增强。偏振成像技术是利用物体的反射光和后向散射光的偏振特性的不同来改善成像的分辨率。根据散射理论，物体反射光的退偏度大于水中粒子散射光的退偏度。如果激光器发出水平偏振光，当探测器前面的线偏振器为水平偏振方向时，物体反射光能量和散射光能量大约相等，对比度最小，图像模糊；当线偏振器的偏振方向与光源的偏振方向垂直时，则接收到的物体反射光能量远大于光源的散射光能量，所以对比度最大，图像清晰。

三维成像技术研究方面，美国在实验室对基于条纹管技术的高分辨率三维成像系统进行了初步实验，确定了条纹管接收器的横向和距离分辨率。在一般水域中，如果要得到 10—30 米距离远的高分辨率图像，需要使用高能脉冲激光来克服海水的衰减和散射影响。为了提高距离分辨率，有公司研制出一种喇曼压缩激光器。使用这种 2 纳秒脉宽的激光能大大提高距离分辨率，可以对水下 432 毫米高的目标进行清晰成像（见图 3-35）。

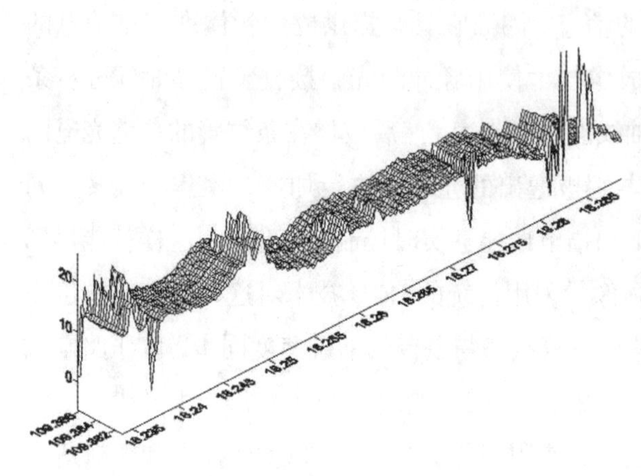

图 3-35　海底的三维数字高程和航道探测

国内方面，近几年来，中国科学院、天津电视技术研究所、北京理工大学、华中理工大学、东南大学等均对水下成像系统进行了研究，但与国际先进水平相比还有很大的差距。北京理工大学正在研制一种适合水下成像系统的选通型 ICCD 器件，采用了国产某型高性能超二代像增强器，预计对我国水下成像系统的发展有一定的推动作用。

十三、激光雷达与无人驾驶

随着人工智能的发展，智能驾驶系统的兴起，作为智能汽车的“眼睛”——激光雷达正成为国内外激光应用领域的新热点。

相比于摄像头，激光雷达的最大优势在于使用环境限制较小，不管在白天或者夜晚都能正常使用；而相比于超声波雷达及毫米波雷达，激光雷达的测量精度大大提升。原因在于电磁波只能探测到比它的波长大的物体，像毫米波雷达就探测不到直径很小的线状目标，而用于雷达系统的激光波长一般只有微米的量级，因而它能够探测非常微小的目标。据了解，目前较好的激光雷达能够识别出 100 米外厘米级物体的细节。

三维激光雷达在无人驾驶运用中拥有两个核心作用：第一，三维建模进行环境感知，通过激光扫描可以得到汽车周围环境的三维模型，运用相关算法比对上一帧和下一帧环境的变化可以较为容易地探测出周围的车辆和行人；第二，加强定位，三维激光雷达另一大特性是同步建图，实时得到的全局地图通过和高精度地图中特征物的比对，可以实现导航及加强车辆的定位精度。

当前，车载激光雷达主要有两种类型。一种是多束激光并排绕轴旋转360度，每束激光扫描一个平面（见图3–36）。早期的激光雷达为64线（即64束激光），虽然已满足自动驾驶的需求，但因成本高未被市场认可，为了降低成本，一些公司先后推出了32线、16线的激光雷达，但分辨率的下降使车辆行驶中检测障碍物时易产生盲点，从而带来安全隐患。另一种是固态激光雷达。固态激光雷达传感器采用相控阵扫描替代机械扫描方式，可以大幅降低生产成本，但目前该技术离产品市场化还有一段距离。从目前自动驾驶测试车的外观上看，激光雷达体积较大，安装在测试车上显得较为笨重。

图3–36　车载激光多线雷达

激光雷达在大雨大雪等恶劣天气中使用效果会受到影响，激光在大雨、浓烟、浓雾等坏天气里衰减急剧加大，作用距离大受影响。

车载、机载激光雷达生产厂商目前多集中在国外，不过，中国一批上市激光企业也开始尝试进入车用激光雷达领域。低成本化将是未来该类产品最主要的发展趋势。

随着激光雷达在智能汽车领域的大规模应用，得益于无人驾驶汽车市

图 3-37　载有激光雷达的无人驾驶实验汽车

场规模的爆发，预计 2030 年全球激光雷达市场可达到 360 亿美元的规模（见图 3-37）。

十四、激光陀螺

1. 激光陀螺

激光陀螺是指利用激光光束的光程差测量物体角位移的装置（见图 3-38）。例如，一个三角形环状激光器，其中放置激光发生器，产生氦氖激光，并在三角形三个顶端放置反射镜形成闭合光路，用分光镜将一束激光分为正反两向传播的两束激光。当物体（激光器）没有角位移时，两束激光没有光程差，它们聚在一起时不相干涉；如果物体移动产生角位移，两束激光相遇时就会产生干涉。利用光的干涉条纹测出物体的角位移，以此计算出物体的角速度，从而实现和机械式陀螺同样的功能。它的精度大大高于机械式

图 3-38　激光陀螺

陀螺，没有运动部件，易于维护，可靠性高，寿命长，因而取代机械式陀螺，成为大中型飞机惯性基准系统的核心部件。但是它比机械式陀螺体积大、价格高，因此在小型飞机上使用的较少。

激光陀螺没有精密零件，组成陀螺的零件品种和数量少，机械加工较少，易于批量生产和自动化生产，成本是常规陀螺的三分之一左右。

3 个激光陀螺和 3 个加速度计组成一套导航系统。物体运动时根据不同激光束的变化，就能精确感知物体空间坐标。用它给武器平台导航，能让战机突防能力更强、舰船跑得更远、导弹打得更准。在没有卫星导航的情况下，同样能精确打击目标。激光陀螺集光、机、电、算等尖端科技于一身。

激光陀螺主要特点是，没有机械转动部件的摩擦引起的误差，角位移测量精度高，被测角速度范围大。但是，为了稳定、可靠，需采用膨胀系数低的材料构建激光器，同时需要采用热补偿措施，保持工作温度稳定。

激光陀螺的动态范围很宽，测得速率为 ±1500 度 / 秒，最小敏感角速度小于 ±0.001 度 / 小时，用固有的数字增量输出载体的角度和角速度信息，不需要用精密的模数转换器，很容易转换成数字形式，方便与计算机接口，适合捷联式系统使用。

激光陀螺的工作温度范围很宽（从−55℃—95℃），无须加温，启动过程时间短，系统反应时间快，接通电源零点几秒就可以投入正常工作。达到 0.5 度 / 小时，只需 50 毫秒时间，对武器系统的制导来说，是十分宝贵的。

激光陀螺集光、机、电、算等尖端科技于一身，广泛覆盖陆、海、空、天多个领域。激光陀螺是衡量一个国家光学技术发展水平的重要标志之一。在航海方面，作为导航仪器，激光陀螺导航系统是当今美国海军水面舰船和潜艇的标准设备。此外，2014 年大多数发达国家的军用和民用飞机也都采用了激光陀螺惯性导航系统。

20 世纪 60 年代，中国科学院就开始研究激光陀螺，但一直进展不大。后来，经过中国国防科技大学 43 年的艰苦攻关，中国成为世界上第四个能独立研制激光陀螺的国家。从 20 世纪 70 年代起，以中国国防科技大学高伯龙院士为首的老一辈激光陀螺研究团队成员克服重重困难，经过两代人 40 余年的努力，2014 年构建了具有独立知识产权的高水平激光陀螺全闭环研发体系，研发与应用水平达到了国际先进、国内领先水平。从1999年开始，中国航天科工集团和中国航天科技集团开始生产我国的激光陀螺。

2. 光纤陀螺

光纤陀螺是采用激光为光源的一种光纤传感器。光纤陀螺其工作原理基于萨格纳克（Sagnac）效应。萨格纳克效应是相对惯性空间转动的闭环光路中所传播光的一种普遍的相关效应，即在同一闭合光路中从同一光源发出的两束特征相同的光，以相反的方向进行传播，最后汇合到同一探测点将产生干涉。若绕垂直于闭合光路所在平面的轴线，相对惯性空间存在着转动角速度，则正、反方向传播的光束走过的光程不同，就产生光程差，其光程差与旋转的角速度成正比。因而只要知道了光程差及与之相应的相位差的信息，即可得到旋转角速度。

与机电陀螺或激光陀螺相比，光纤陀螺具有如下特点：零部件少，仪器牢固稳定，具有较强的抗冲击和抗加速运动的能力；绕制的光纤较长，使检测灵敏度和分辨率比激光陀螺仪提高了好几个数量级；无机械传动部件，不存在磨损问题，因而具有较长的使用寿命；易于采用集成光路技术，信号稳定，且可直接用数字输出，并与计算机接口联接；通过改变光纤的长度或光在线圈中的循环传播次数，可以实现不同的精度，并具有较宽的动态范围；相干光束的传播时间短，因而理论上可瞬间启动，无须预热；可与环形激光陀螺一起使用，构成各种惯导系统的传感器，尤其是捷联式惯导系统的传感器；结构简单、价格低，体积小、重量轻。

光纤陀螺的发展是日新月异的。不仅科学家热心于此，许多大公司出于对其市场前景的看好，也纷纷加入到研究开发的行列中来。由于光纤陀螺在机动载体和军事领域的应用甚为理想，因此各国的军方都投入了巨大的财力和精力。

美国在光纤陀螺的研究方面一直保持领先地位，目前，美国国内已经有多种型号的光纤陀螺投入使用。日、德、法、意、俄等国在光纤陀螺的研究方面也取得了较大进步，一些中低精度的陀螺已经实现了产品化，而少数高精度产品也开始在军方进行装备调试。

我国光纤陀螺的研究相对起步较晚，但是在广大科研工作者的努力下，航天工业总公司、上海航天局803所、清华大学、浙江大学、北京交通大学、北京航空航天大学等相继开展了光纤陀螺的研究和批量生产，已经逐步拉近了与发达国家间的差距。

未来光纤陀螺的发展将着重于以下几个方面：

高精度——更高的精度是光纤陀螺取代激光陀螺在高等导航中地位的必然要求，目前高精度的光纤陀螺技术还没有完全成熟。

高稳定性和抗干扰性——长期的高稳定性也是光纤陀螺的发展方向之一，能够在恶劣的环境下保持较长时间内的导航精度是惯导系统对陀螺的要求。比如在高温、强震、强磁场等情况下，光纤陀螺也必须有足够的精度才能满足用户的要求。

产品多元化——开发不同精度、面向不同需求的产品是十分必要的。不同的用户对导航精度有不同的要求，而光纤陀螺结构简单，改变精度时只需调整线圈的长度直径。在这方面具有超越机械陀螺和激光陀螺的优势，它的不同精度产品更容易实现，这是光纤陀螺实用化的必然要求。

生产规模化——成本的降低也是光纤陀螺能够为用户所接受的前提条件之一。各类元件的生产规模化可以有力地促进生产成本的降低，对于中低精度的光纤陀螺尤为如此。

十五、激光与国家安全

1. 激光武器

激光武器是激光发明以后开始最早也是研究最广泛并已取得相当成效的定向能武器项目之一。到 20 世纪 80 年代，世界各军事强国就已纷纷提出了各自的激光武器系统计划，有的还在实战中投入了试验装备。如 1982 年著名的英阿马岛战争，英国海军就在其驱逐舰上装备了激光眩目器，一度迫使阿根廷飞行员的投弹精度大幅降低。美国成功研制的“眼镜蛇”激光枪于 20 世纪 90 年代中期被装备部队在“沙漠风暴”行动中使用。2001 年，由于陆军系统一系列试验的成功，美国海军重新开始了对这项技术的研究（见图 3-39）。

激光武器对目标硬毁伤的机理是一种烧蚀过程。它对目标的毁伤能力和效果主要取决于能将多少激光能量传递并沉积到目标上，传递和沉积到目标上的光能除取决于激光武器的激光器发射功率和发射时间外，主要还受气候

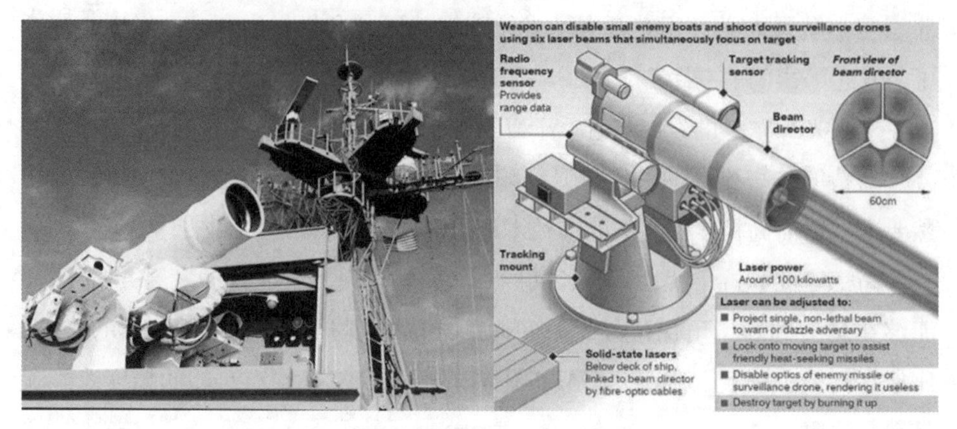

图 3–39　美国海军的激光实验系统

条件影响。激光束在大气中传输会产生各种线性和非线性效应，会导致光束发散和能量衰减，使传递和沉积到目标上的激光能量减少，从而影响激光对目标的毁伤能力和效果。气候条件越恶劣，这些效应就越明显，造成激光束发散和能量衰减就越严重，对目标毁伤效能的影响就越大。美国海军曾就气候条件对激光武器效能的影响进行评估，目前还在研究利用非线性光学技术进行大气补偿，在光束控制方面还有很多技术难题要解决。

激光技术的发展使激光武器的研制也不断向前推进。当前，欧洲、美国、俄罗斯等非常重视高功率光纤激光器的国防应用，这成了高功率光纤激光技术迅速发展的重要推手。光纤激光器除了光束质量好、亮度高外，其效率高、产热少、结构坚固且紧凑，激光通过光纤传输到光束合成的便利性也是其优势。目前，国外很多研究机构已经开展用光纤激光器反简易爆炸装置、迫击炮弹和对抗无人机等的研究，装载平台也呈现多样化。

2004 年 8 月 24 日，美国诺斯罗普·格鲁曼公司为美陆军研制的战术高能激光器首次击落迫击炮弹。在美国新墨西哥州白沙导弹靶场进行的实弹打靶中，这种激光炮不但击落了单发迫击炮弹，而且还摧毁了齐射的迫击炮弹。试验表明，激光炮可以用于战场打击多种常见目标，这样，激光武器也从最初主要设想用于反制卫星、导弹和飞机这类昂贵目标，扩大到对一切战场工具的打击。2014 年 5 月，美国洛克希德·马丁公司展示了一段区域防卫激光系统测试画面，一门疑似激光炮装备对 1.6 千米外的一艘橡皮艇进行照射攻击，将其一侧艇身彻底烧毁。

2013年，美国正式宣布机载型氧碘化学激光武器系统开始测试。该实验机载化学激光武器系统以波音704-400F为载机，目标是摧毁数百公里外处于助推段的洲际导弹。其技术难点是要研制功率大、体积小、光束质量高的氧碘化学激光器。目前得到的单台氧碘激光器模块的功率只有200千瓦，按照计划，作战型机载激光器将由14个氧碘激光器模块组成，集成难度很大。尽管在2010年进行了两次成功的打靶测试，但美国军方认为激光器功率还要提升20—30倍，距离研制目标过远。所以，在军费削减的大形势下，该项目已下马转为技术储备。

国内有关高能激光器的研发在20世纪60年代即开展。除了研制高能固体钕玻璃激光系统外，还研究了高功率化学激光器。随着激光技术的发展，高功率半导体激光器和大功率光纤激光器的研制取得了极大进展。2018年，我国首台万瓦连续光纤激光器在武汉问世，我国成为继美国后第二个掌握此技术的国家。中国科学院已实现合束光纤激光器输出功率10万瓦级，5千瓦级的光纤激光器已实现工业化应用。高功率光纤激光器在军民用领域应用前景都很广阔。

2. 激光精确控制——激光制导与激光引信

激光制导是20世纪60年代发展起来的一种有效的制导体制，已在武器系统中广泛应用。它是一种利用激光获得制导信息或传输制导指令使导弹飞向目标的制导方法。

激光制导导弹并不能发射激光，主要是接受激光。激光和导弹也不是安装在一块的，它的发射要两架飞机：一架叫激光照射机，一架是导弹携带机。激光照射机常在9万米高空作业，它完全避开了地面火炮（导弹）的射程。激光照射机在对地面欲打击目标进行照射后，激光制导导弹的引导头立即接收到了回射的激光，经过滤光片由聚焦透镜聚焦到探测仪上，形成误差信号，误差信号再经计算机变成控制信号，再传送到另一飞机的执行系统最终操纵导弹飞向打击目标。

激光制导通常分为“视线式”和“寻的式”两种。“视线式”的典型代表是激光驾束制导，“寻的式”的典型代表是激光半主动式寻的制导，也是目前最常用的激光制导方式。

激光驾束制导简言之就是激光制导系统瞄准目标并连续发射激光，位于弹尾的激光接收器接收激光，控制弹体沿着激光光束中心飞行，激光束指向哪儿，弹体就飞到哪儿，紧紧“咬”住目标不放，直到命中。但激光驾束制导必须在通视条件下才能实现，因而适合在短程作战使用，射程一般在3千米以内。

与激光驾束制导不同，激光半主动式寻的制导的激光接收器安装在弹体前端，而且由于发射器和激光目标指示器可以分离架设，从而可以实现较远的射程。

激光引信是一种利用经过调制编码的激光束探测目标并引爆导弹战斗部的光学引信。

3. 激光干扰 / 光电对抗

光电干扰技术是为削弱或破坏敌方光电探测、制导设备的使用效能所采用的光电对抗技术。主要包括光电有源干扰技术和光电无源干扰技术。光电有源干扰技术通过发射或辐射与敌方光电设备工作波段相应的光波，或转发敌方发射的光波，对敌方光电探测、制导设备实施欺骗、压制，甚至破坏或摧毁的技术。主要包括强激光干扰技术、激光欺骗干扰技术、红外干扰技术和红外诱饵技术等。激光干扰 / 光电对抗是指光源采用激光的光电干扰。

强激光干扰技术——将大功率激光脉冲或连续激光投射到敌方光电探测、制导设备的光电传感器上，使光电探测器饱和、致盲或烧坏的技术。

激光欺骗干扰技术——发射与敌方激光信号特征相近或相关的激光干扰信号，使敌方激光探测、制导设备受骗的技术。一是发射高重复频率的激光脉冲，使激光测距机误将激光干扰脉冲当成己方发射激光的回波而导致测距错误，或使激光制导武器系统不能正确识码，从而无法攻击目标。二是发射与敌方指示目标的激光信号同步的编码激光脉冲，并照射到假目标上，使激光制导武器在寻的过程中接收到假目标反射的激光信号而攻击假目标。

红外干扰技术——使用强光灯、激光源等红外辐射源，经过幅度或频率调制，产生红外干扰信号干扰红外制导导弹的技术。按干扰机理，可分为欺骗式红外干扰技术和压制式红外干扰技术。欺骗式红外干扰技术通过发射经调制的红外干扰信号，使红外制导导弹寻的器的跟踪回路产生扰动，得出错误的目标方位，进行错误跟踪，导致脱靶量增大或者完全丢失目标。压制式红外干扰技术是发射大功率的红外干扰信号，使红外制导导弹寻的器电路噪声增大或使其饱和，不能产生正确的制导信号。当红外辐射足够强时，会对寻的器的敏感部件（包括探测器、调制盘、滤光片、整流罩等）造成物理损伤。定向红外干扰技术是发射一个宽度很窄的激光红外干扰光束，以产生更高的辐射强度来压制或欺骗红外制导导弹寻的器的工作。另外，红外诱饵技术是通过诱饵材料的燃烧产生具有一定光谱特性、运动特性和辐射强度的红外辐射，从而使红外制导导弹产生错误跟踪的技术。

4. 警用激光设备

主要是用于反恐及保障社会安全等公务活动中的非杀伤性激光警用装备，如激光眩目枪等（见图 3-40）。

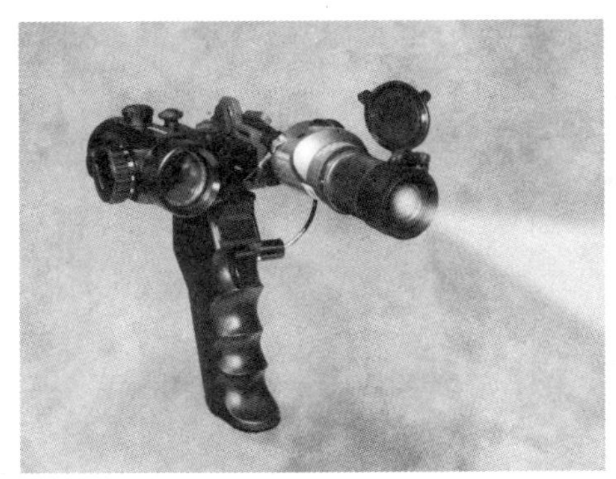
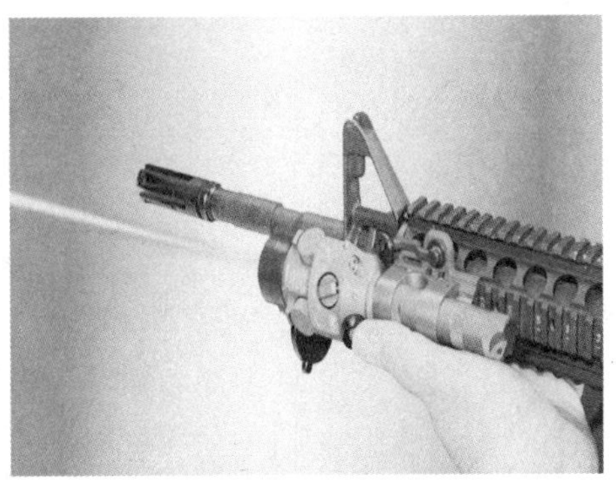

图 3-40　警用激光眩目枪

5. 新型核武器的研制

激光核聚变除了可生产取之不尽的清洁能源外，在军事上还可用于发展新型核武器，特别是研制新型氢弹，同时亦可部分代替核试验。因为通过高能激光代替原子弹作为氢弹点火装置实现的核聚变反应可以产生与氢弹爆炸同样的等离子体条件，为核武器设计提供物理学资料，进而制造出新型核武器，成为战争新“杀手”。

早在 20 世纪 50 年代，氢弹便已研制成功并投入使用。但氢弹均是以原子弹作为点火装置。原子弹爆炸会产生大量放射性物质，所以这类氢弹被称为“不干净的氢弹”。而采用激光作为点火源后，高能激光直接促使氘氚发生热核聚变反应，这样，氢弹爆炸后，就不会产生放射性裂变物，所以，人们称利用激光核聚变方法制造的氢弹为“干净的氢弹”。传统的氢弹属于第二代核武器，而“干净氢弹”则属于第四代核武器，由于不会产生剩余核辐射，因此可作为“常规武器”使用。

第四章　激光的未来及其对世界的改变

一、激光科学技术的发展趋势

1. 激光峰值功率不断提升

超强超短激光器输出的激光脉冲峰值功率在不断提高，当前达到的最大光强为 2×10^{22} W/cm^2，随着激光峰值功率的进一步提高将不断开拓出新的学科。

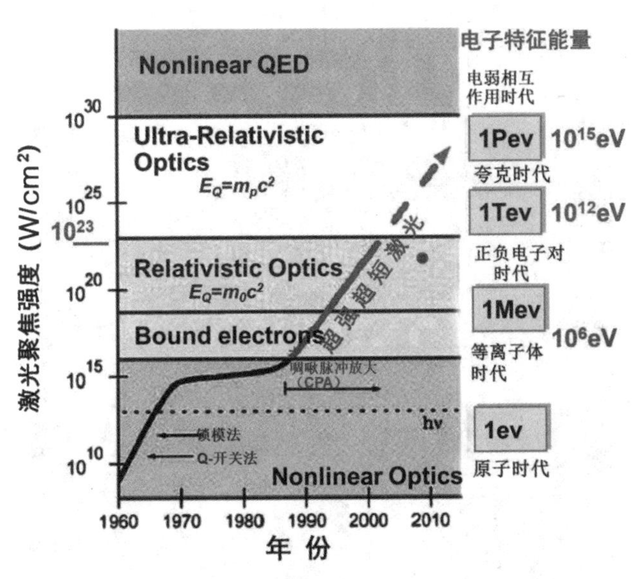

图 4-1　小型化激光系统聚焦强度的发展历程与学科开拓

2. 激光脉冲宽度将达到阿秒级

激光器将产生超短光脉冲，其脉宽已从飞秒向阿秒迈进，比光穿过一个原子的时间还短，可用于探测和操控极端超快的电子动力学过程。

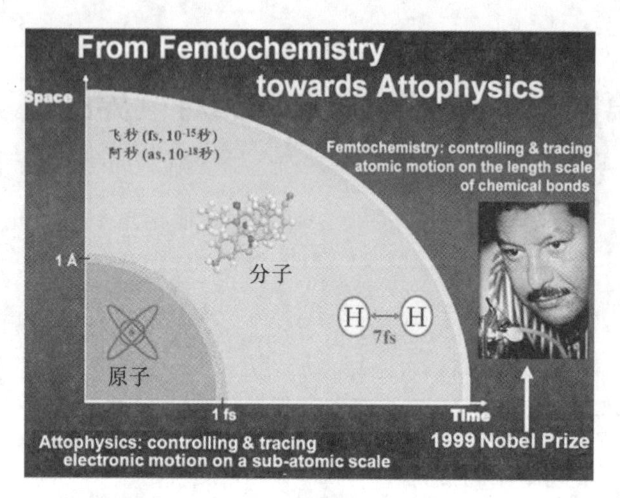

图 4-2　激光的脉冲宽度从飞秒奔向阿秒

3. 激光波长将不断延伸

向短波长拓展，深紫外、X 射线甚至 γ 射线波段的激光器将为生命科学、材料科学领域带来革命性推动。向长波发展，拓展到太赫兹波段，将在通信、遥感、检测等方面催生变革性技术革命。

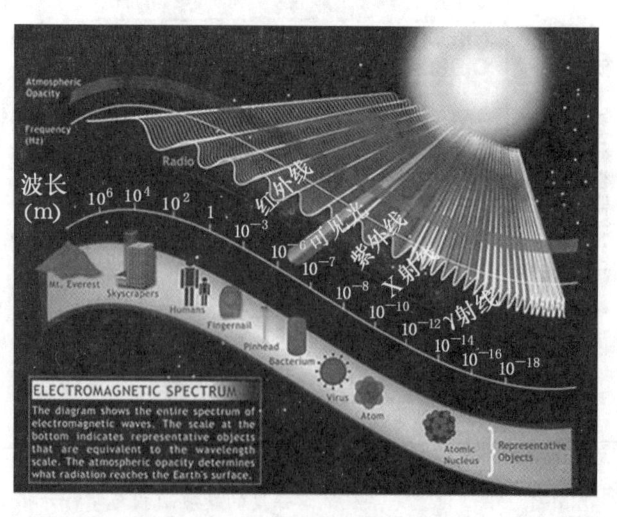

图 4-3　激光波长的覆盖范围

4. 激光能量与能量密度将不断提升

对激光功率、脉冲宽度、波长、能量各参数空间的突破将会不断催生新学科与新应用的产生，这种变化将在高能量密度科学领域产生重大应用，例如基础科学研究、环境监测、空间科学和国防安全等。

图 4-4　不同波长、不同功率和能量的激光系统的广泛应用

二、激光技术的重大应用前景

1. 超强超短激光光源

超强超短激光光源的建立与发展有着广泛的科学前沿应用价值，因而具有特别重要的意义。通过在极端物理条件下对物质结构、运动和相互作用进行研究可以使得人类对客观世界规律的认识更加深入和系统。

经过长时间积累，我国在高功率激光和超短脉冲技术方面所掌握的技术已经达到了世界的先进水平。2017 年，上海超强超短激光实验装置（SULF）的研制工作又取得重大突破，成功实现了 10 拍瓦激光放大输出，这是目前已知

图 4-5　上海超强超短激光实验装置（SULF）

的世界最高激光脉冲峰值功率，达到国际同类研究的领先水平，是 SULF 装置 2016 年 8 月实现 5 拍瓦国际领先成果之后再次取得重大进展。

超强超短激光，一般是指峰值功率大于 1 太瓦，脉冲宽度小于 100 飞秒的激光。此次成功实现的 10 拍瓦激光放大输出则等于 10^{16} 瓦，相当于全球电网平均功率的 5000 倍。100 飞秒是怎样的瞬间呢？100 飞秒相当于 10^{-13} 秒，即使每秒飞行 30 万千米的光，在这么超短的时间内也只能走一根头发丝粗细的距离。此次激光脉冲宽度经过脉冲压缩器压缩后仅仅为 21 飞秒。

SULF 的研制被纳入上海建设具有全球影响力的科创中心、打造世界级重大科技基础设施集群的首批重大项目，该大科学装置建成后将发展成为服务于物理学、材料科学、化学、生命科学与医药技术等学科前沿基础研究与高技术研发的综合性极端条件研究平台。SULF 装置计划于 2018 年底全面建成，2019 年对用户开放。SULF 将会建成新的大科学装置——激光束线站（见图 4-6）。而在 SULF 的所在地，上海张江综合性国家科学中心（见图 4-7），超强超激光、上海光源、软 X 射线自由电子激光等多个装置正在建设或运行，全球最大的光子领域大科学设施群已雄姿初现。

超强超短激光的科技前沿应用极为广泛，故国际上多个国家投入巨资开展 10 拍瓦级大型超强超短激光装置的研制，展开激烈的科研竞争。例如，欧盟 10 多个国家的近 40 个研究院所和科研机构联合提出建设极端光设施

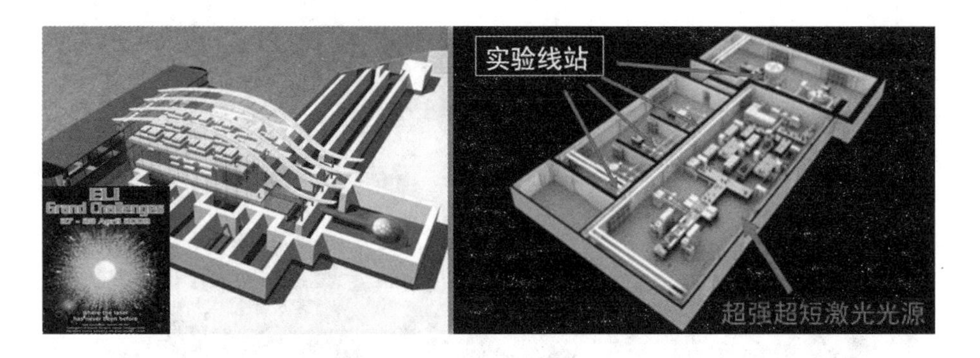

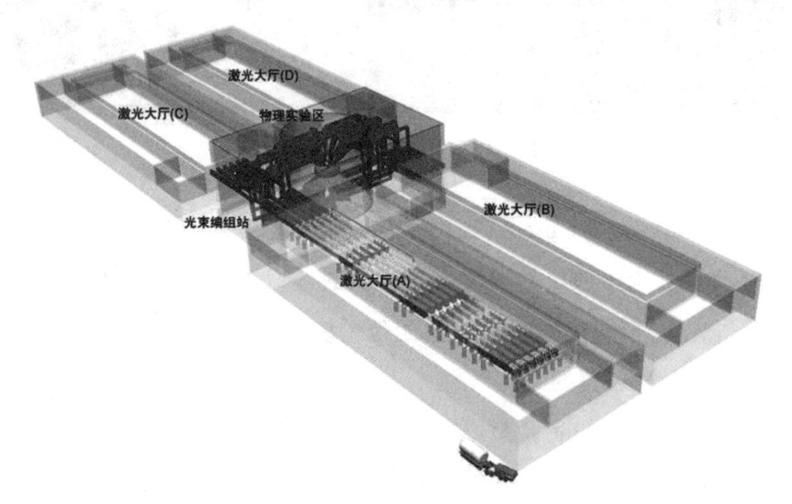

图 4-6　激光大科学装置——激光束线站和激光聚变实验大厅

图 4-7　张江综合性国家科学中心

图 4-8　位于捷克首都布拉格的 ELI——光线站

(Extreme Light Infrastructuresh，缩写为 ELI，见图 4-8)。2012 年以来，ELI 计划陆续启动了多个子项目的研究，正在同时建设多套 10 拍瓦激光用户装置，法国和英国也正在研制各自的 10 拍瓦激光装置。美、俄、日等则提出了百拍瓦级超强超短激光装置的研究设想。

超强超短激光能在实验室内创造出前所未有的超强电磁场、超高能量密度和超快时间尺度等综合性极端物理条件，这是之前只有在核爆中心、恒星内部、黑洞边缘才能找到的极端物理条件，可用于研制激光质子刀以治疗癌症，制造台式化电子加速器和产生超快 X 射线源对蛋白质探测成像，研究天体物理和宇宙起源，将来还可能用于真空结构和暗物质的探测等。

超强超短激光研究推动着激光科学、原子分子物理、等离子体物理、高能物理与核物理等一批基础与前沿交叉学科的开拓和发展，同时也将为相关战略高技术领域的创新发展，如高亮度新波段相干光源、超高梯度高能粒子加速器、强场激光核医学、聚变能源、精密测量等提供原理依据与科学基础，对其有着不可替代的强大推动作用。

超强超短激光的具体应用的几个例子：

研究反物质

理论认为，每一种粒子都有一个与之相对的反粒子。反物质只要和正物质相遇就会湮灭，因此难以产生和保存，目前科学家很难在宇宙中找到反物质，转而在实验室的极端条件下尝试获取。反物质研究也成为物理学领域的热点和难点。

2016年，中国科学院在国内首次成功利用超强超短激光产生一种反物质——超快正电子源（见图4–9），这一发现未来将在材料的无损探测、激光驱动正负电子对撞机、癌症诊断技术研发等领域得到重大应用，并入选2016年度“中国十大科技进展新闻”。

图4–9 超强超短激光产生一种反物质——超快正电子源

微型自由电子激光器

2017年3月1日，中国科学院上海光机所强场激光物理国家重点实验室在超强超短激光驱动的小型化自由电子激光新概念研究方面取得重大进展（见图4–10）。该实验室研究人员利用超强超短激光与一根“头发丝”尺寸的

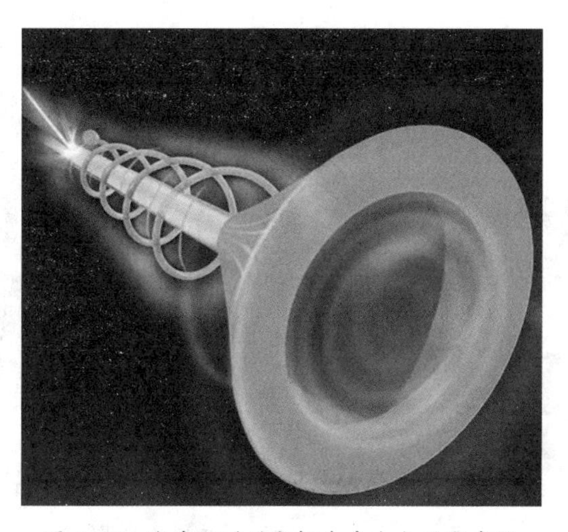

图4–10 激光驱动的新概念自由电子激光器

微金属丝相互作用，在产生高能电子束的同时，巧妙地利用电荷分离效应构建了微型、瞬态的电子波荡器，获得了效率优于传统方案 10 倍以上的强太赫兹辐射，也为小型化、低成本自由电子激光器提出了全新方案。

尾波场电子加速研究

超强超短激光驱动的尾波场电子加速器相比于传统的高能粒子加速器而言，极限加速电场高出 3 个量级以上，为实现小型化的高能粒子加速器提供了新原理和新方法。2010 年，中国科学院上海光机所利用飞秒拍瓦激光驱动尾波场加速，获得当时国际最高的 1.8 GeV 高能电子束。

图 4-11 激光加速器实验装置

中国科学院强场激光物理国家重点实验室于 2011 年 7 月 15 日首次利用电离注入的全光驱动双尾波场级联电子加速器方案，成功实现了电子注入与电子加速的两个基本物理过程的分离与控制。

图 4-12 尾波场电子加速实验装置

该实验获得了能量近 GeV 的准单能电子束和 187 GV/m 的超高加速梯度等突破性研究成果，这将是未来实现高性能 10 GeV 量级甚至更高能的单能电子束的可行方案，特别是对台式化 X 射线自由电子激光等领域的发展具有重要的推动意义。

质子成像

质子照相作为一种密度诊断手段，可利用微分截止和散射来显示样本静态或动态的密度变化，是目前探测等离子体中电磁场的唯一方法。在过去的几年中，质子照相技术已经得到广泛应用，在实验中成功探测到瞬时场的数据。

中国科学院强场激光物理国家重点实验室升级的拍瓦激光系统已经可以成功产生 10 MeV 以上的质子束，成功利用飞秒拍瓦激光系统对蜻蜓进行了质子成像，获得了蜻蜓的等比例整体成像，同时分辨率达到微米量级。这也是拍瓦激光系统第一次通过缩小物距实现了蜻蜓的清晰成像（见图 4–13 和 4–14）。

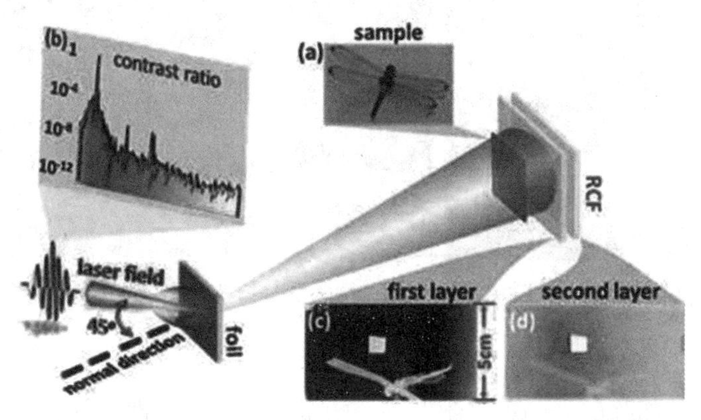

（a）蜻蜓样本
（b）PW 激光
（c）第一层
（d）第二层 RCF 上蜻蜓成像

图 4–13　质子成像实验

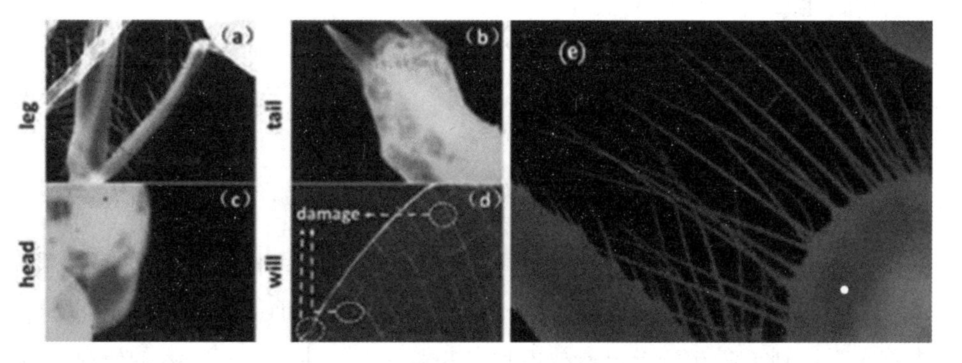

（a）脚部，（b）尾巴，（c）头部和，（d）翅膀的细微成像，（e）尾巴放大

图 4–14　蜻蜓质子成像结果

寻找暗物质

“暗物质”被比作“笼罩在21世纪物理学天空中的乌云”，它由万有引力定律证实存在，却从未被直接探测到。科学家估算，宇宙中包含5%的普通物质，其余95%是看不见的暗物质和暗能量。揭开暗物质之谜将推动人类解释宇宙的存在和演化。轴子，是暗物质的重要候选者之一。由于它几乎不和其他物质相互作用，至今没有被观测到。但超强激光提供的超强电磁场有可能成为探测轴子的科学手段。

探究真空奥秘

真空，真的空无一物吗？在经典物理概念中，它确实是空的，但量子电动力学预言，真空不空，量子涨落无处不在，虚粒子对不断产生、消失。

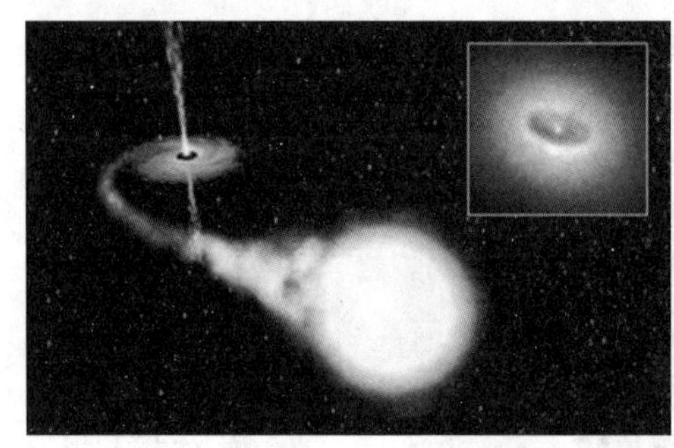

图4–15　真空击穿和正负电子对撞（概念示意图）

真空的神秘特性是量子电力学最令人激动的课题，未来的激光强度将高达10^{23}—10^{25} W/cm^2，超强的光场可以激发真空的量子电力学特性，使真空具备物质属性！

超强超短激光与高能光子源结合，将使人类第一次拥有窥视真空奥秘的机会，其中任何一个发现都将是历史性的。

激光引雷研究

利用超强超短激光开展雷电控制应用研究受到世界上许多国家的高度重视。中国科学院强场激光物理国家重点实验室是国内最早开展相关研究的为数不多的几家单位之一。该实验室的研究人员基于以前的研究基础，在实验中首次观察到了激光诱导电晕放电现象并对这一发现展开了深入的研究（见图4–16）。

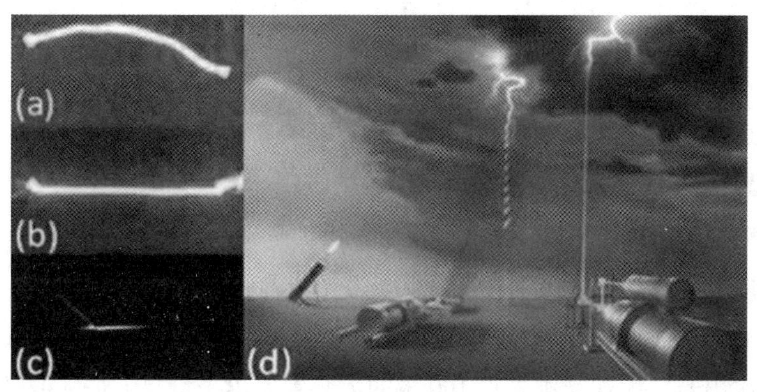

（a）高压电场空气击穿放电，（b）激光诱导高压电场空气击穿放电，（c）激光诱导高压电场电晕放电，（d）激光引雷概念

图 4–16　超短超强激光的雷电控制研究

这一成果为深入理解高压电场沿着光丝的发展和演化过程以至于最终实现激光控制雷电提供了重要的科学依据。

高能粒子加速

随着激光峰值功率不断提升。超高强度的激光脉冲可以加速电子和质子到接近光速，创造出“台式化高能粒子加速器”，其加速梯度比传统加速器高五个数量级以上。

基于小型化超高梯度电子加速器技术，有望研制出台式化 X 射线激光器（见图 4–17）、甚至伽马射线自由电子激光器，为科学研究和技术开发提供新手段、新平台。

该大科学装置将发展成为服务于物理学、材料科学、化学、生命科学与

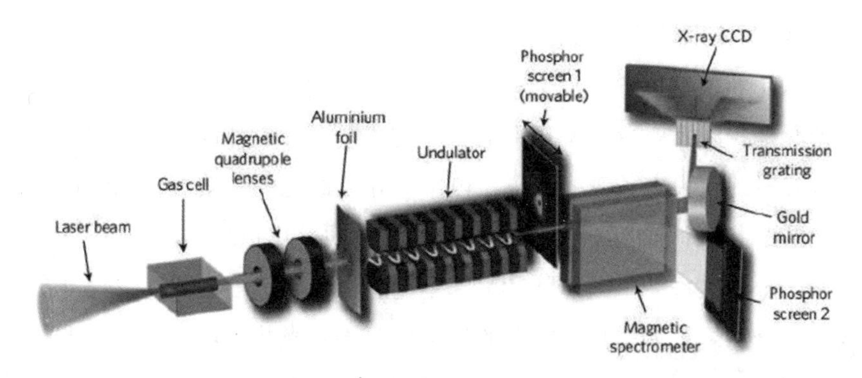

图 4–17　激光驱动的台式化 X 射线激光器

医药技术等学科的综合性极端条件研究平台。

2. 极紫外自由电子激光装置——大连光源

大连光源是中国科学院乃至我国的又一项具有极高显示度的重大科技成果。装置中 90% 的仪器设备均由我国自主研发，为我国未来发展更新一代的高重复频率极紫外自由电子激光打下了坚实的基础。

中国科学院研制的极紫外自由电子激光装置——大连光源项目于 2012 年初正式启动，2014 年 10 月正式在大连开工建设，并于 2016 年 9 月底安装完成，首次出光。大连光源总长 100 米的大装置发出了世界上最强的极紫外自由电子激光脉冲，单个皮秒激光脉冲产生 140 万亿个光子，成为世界上最亮且波长完全可调的极紫外自由电子激光光源，标志着我国在这一领域占据了世界领先地位。

自由电子激光是国际上最先进的新一代光源，也是当今世界先进国家竞相发展的重要方向，在科学研究、先进技术、国防科技发展中有着重要的应用前景。先进自由电子激光的发展在前沿科学研究中发挥着越来越重要的作用，特别是近十年来，自由电子激光技术的发展和突破为探索未知物质世界、发现新科学规律、实现技术变革提供了前所未有的研究工具。

当波长短到 100 纳米附近时，一个光子所具备的能量就足以电离一个原子或分子而又不会把分子打碎，这个波段的光称为极紫外光。

在科学实验中，需要探测的原子或分子数量可能非常少，存在时间也非常短，普通的极紫外光源无法满足这个需求，必须要有高亮度的极紫外光源，即极紫外激光。极紫外激光只能在“特殊物质”中产生，这个“特殊物质”就是脱离原子核而单独存在的自由状态的电子。

但是此前，在世界上尚无一台运行在极紫外波段的自由电子激光设备。大连光源是我国第一台大型自由电子激光装置，也是当今世界上唯一运行在极紫外波段的自由电子激光装置，也是世界上最亮的极紫外光源，将为我国乃至世界提供一个独特的、高水平的科学实验研究用户装置。

大连光源的每一个激光脉冲可产生超过 100 万亿个光子，波长可在极紫外区域完全连续可调，具有完全的相干性。该激光装置可以工作在飞秒或皮秒脉冲模式，可以用自放大自发辐射或高增益谐波放大模式运行。在这样的极紫外光照射下的区域内，几乎所有的原子和分子都“无处遁形”。

大连光源属于第四代光源，在化学、能源、物理、生物、环境等重要研究领域有着广泛的应用，我国率先建成这一先进光源，对推动我国乃至世界在这些领域的研究发展有着极其重要的意义。大连光源的成功研制也为我国未来发展 X 波段的自由电子激光打下了坚实基础。

大连光源的建成出光，将大大促进我国在能源、化学、物理、生物、材料、大气雾霾、光刻等多个重要领域研究水平的提升，为我国科技事业注入新的活力。例如，举国关注的雾霾问题，就可以利用大连光源来研究。大气中的化学物质与水分子作用后，形成分子团簇，这些团簇在生长过程中吸附大气中各种污染分子，生长为较大的气溶胶颗粒，并逐渐成长为雾霾。利用大连光源极紫外软电离技术，就可以研究雾霾的生长过程，从根本上理解雾霾形成的机理，为大气污染防治提供科学依据。

3. 量子信息科学

量子保密通信

所谓量子通信，是指利用量子纠缠效应进行信息传递的一种新型的通信方式，是近二十年发展起来的新型交叉学科，是量子论和信息论相结合的新的研究领域。量子通信主要基于量子纠缠态的理论，使用量子隐形传态（传输）的方式实现信息传递。根据实验验证，具有纠缠态的两个粒子无论相距多远，只要一个发生变化，另外一个也会瞬间发生变化，利用这个特性实现光量子通信的过程如下：事先构建一对具有纠缠态的粒子，将两个粒子分别放在通信双方，将具有未知量子态的粒子与发送方的粒子进行联合测量（一种操作），则接收方的粒子瞬间发生坍塌（变化），坍塌（变化）为某种状态，这个状态与发送方的粒子坍塌（变化）后的状态是对称的，然后将联合测量的信息通过经典信道传送给接收方，接收方根据接收到的信息对坍塌的粒子进行幺正变换（相当于逆转变换），即可得到与发送方完全相同的未知量子态。

经典通信较光量子通信相比，其安全性和高效性都无法与之相提并论。在安全性方面，量子通信绝不会“泄密”，体现在：其一，量子加密的密钥是随机的，即使被窃取者截获，也无法得到正确的密钥，因此无法破解信息；

其二，分别在通信双方手中具有纠缠态的两个粒子，其中一个粒子的量子态发生变化，另外一方的量子态就会随之立刻变化，并且根据量子理论，宏观的任何观察和干扰，都会立刻改变量子态，引起其坍塌，因此窃取者由于干扰而得到的信息已经破坏，并非原有信息。在高效性方面，被传输的未知量子态在被测量之前会处于纠缠态，即同时代表多个状态，例如一个量子态可以同时表示 0 和 1 两个数字，7 个这样的量子态就可以同时表示 128 个状态或 128 个数字：0—127。光量子通信的这样一次传输，就相当于经典通信方式的 128 次。可以想象如果传输带宽是 64 位或者更高，那么效率之差将是惊人的。

量子通信具有高效率和绝对安全等特点，是当前国际量子物理和信息科学的研究热点。追溯量子通信的起源，还得从爱因斯坦的“幽灵”——量子纠缠的实证说起。

这里先解释一下量子纠缠（quantum entanglement）。量子纠缠可以用“薛定谔猫”来帮助理解：当把一只猫放到一个放有毒物的盒子中，然后将盒子盖上，过了一会问，这个猫现在是死了，还是活着呢？量子物理学的答案是：它既是死的也是活的。有人会说，打开盒子看一下不就知道了。是的，打开盒子猫是死是活确实就会知道，但是按量子物理的解释：这种死或者活着的状态是人为观察的结果，也就是人的宏观干扰使得猫变成了死的或者活的了，并不是盒子盖着时的真实状态。同样，微观粒子在不被“干扰”之前就一直处于“死”和“活”两种状态的叠加，也可以说是它既是“0”也是“1”。

此外，在量子物理的世界中，两个或以上处于纠缠态的粒子无论相隔多远，都能“感知”和影响对方的状态。虽然一百多年来，物理学家对量子纠缠争论不休。但它的这种神奇特性，却也一次次被实验证实。

1982 年，法国物理学家艾伦·爱斯派克特（Alain Aspect）和他的小组成功地完成了一项实验，证实了微观粒子“量子纠缠”的现象确实存在，这一结论对西方科学的主流世界观产生了重大的冲击。从笛卡儿、伽利略到牛顿，西方科学界主流思想认为，宇宙的组成部分相互独立，它们之间的相互作用受到时空的限制（即是局域化的）。量子纠缠证实了爱因斯坦的“幽灵”——超距作用（spooky action in a distance）的存在，它证实了任何两种物质之间，不管距离多远，都有可能相互影响，不受四维时空的约束，是非局域的，宇宙在冥冥之中存在深层次的内在联系。

在量子纠缠理论的基础上，1993 年，美国科学家贝内特（C.H.Bennett）提出了“量子通信”（quantum teleportation）的概念。量子通信是由量子态携带信息的通信方式，它利用光子等基本粒子的量子纠缠原理实现保密通信过程。量子通信概念的提出使爱因斯坦的“幽灵”——量子纠缠效应开始真正发挥威力。

1993 年，在贝内特提出量子通信概念后，6 位来自不同国家的科学家，基于量子纠缠理论，提出了利用经典与量子相结合的方法实现量子隐形传送的方案，即将某个粒子的未知量子态传送到另一个地方，把另一个粒子制备到该量子态上，而原来的粒子仍留在原处，这就是量子通信最初的基本方案。量子隐形传态不仅在物理学领域对人们认识与揭示自然界的神秘规律具有重要意义，而且可以用量子态作为信息载体，通过量子态的传送完成大容量信息的传输，实现原则上不可破译的量子保密通信。

1997 年，中国科学家潘建伟与荷兰学者波密斯特等人合作，首次实现了未知量子态的远程传输。这是国际上首次在实验上成功地将一个量子态从甲地的光子传送到乙地的光子上。实验中传输的只是表达量子信息的“状态”，作为信息载体的光子本身并不被传输。

经过二十多年的发展，量子通信这门学科已逐步从理论走向实验，并向实用化发展，主要涉及的领域包括：量子密码通信、量子远程传态和量子密集编码等。

2016 年 8 月 16 日，全球首颗量子科学实验卫星“墨子”号在中国酒泉卫星发射中心发射成功。这次中国领先于全世界，率先进入了量子通信领域（见图 4–18 和图 4–19）。

目前，世界各国纷纷布局量子通信领域，发展形势很好，但有两件事非常重要：一，要把成本降下来，让用户觉得可接受；二，要从实践上确认安全性，所以要反复测试，建立标准。量子科学实验卫星“墨子号”发射两周年之际，中国科学院院士潘建伟在上海受访时透露，中国已经开始研制中高轨量子通信卫星，同时正在研制 3 到 5 颗低轨量子通信卫星。

图 4-18 “墨子号”量子科学实验卫星发射现场

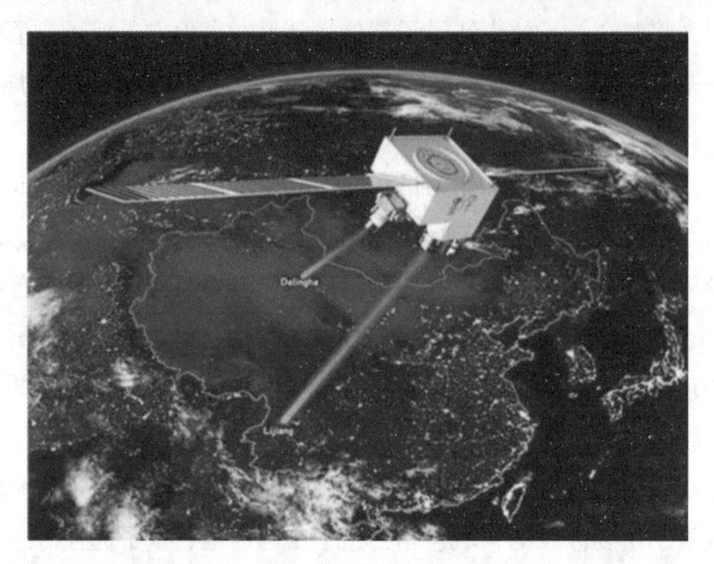

图 4-19 量子科学实验卫星“墨子号”

作为我国建设覆盖全球的量子保密通信网络的重要基础，“京沪干线”项目 2013 年 7 月国家发改委批复立项，由中国科学院统一领导，于 2017 年 8 月底在合肥完成了全网技术验收。建成后的“京沪干线”实现了连接北京、上海，贯穿济南和合肥全长 2000 余千米的量子通信骨干网络，并与“墨子号”量子科学实验卫星连接，打通了天地一体化广域量子通信的链路，实现了与奥地利的洲际量子通信（见图 4-20）。这标志着我国已构建出天地一体化广域量子通信网络雏形，为未来实现覆盖全球的量子保密通信网络迈出了坚实的一步。我国量子通信目前已经走在世界前列，未来将继续保持领先优势。

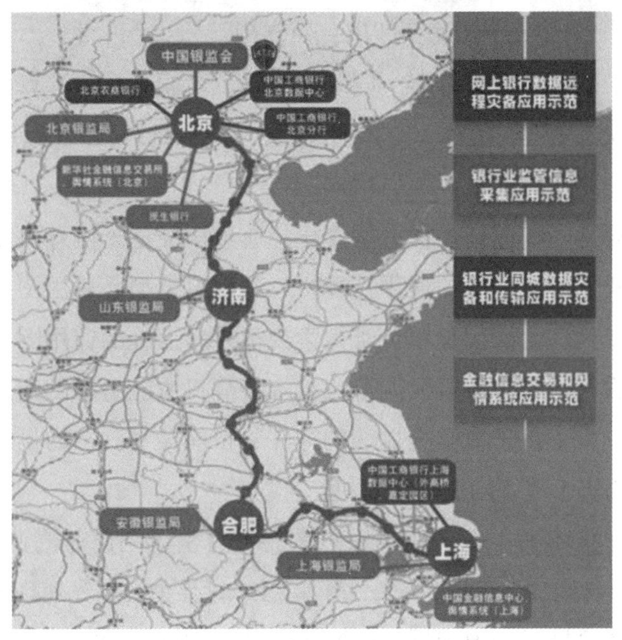

图 4-20 我国量子科学实验卫星总控中心（上）和“京沪干线”量子通信骨干网络（下）

“京沪干线”首席科学家潘建伟介绍，量子通信网络分发的是密钥，信息依然通过传统方式传递，而这种密钥分发的方式，是迄今唯一被严格证明无条件安全的通信方式，可以有效解决信息安全问题。

量子计算

一台台式机电子计算机大小的量子计算机，就能达到乃至超过今天最先进的中国“天河一号”超级计算机的计算能力。

举个例子：要破解现在常用的一个RSA密码系统，用当前最大、最好超级计算机需要花60万年，但用一个有相当储存功能的量子计算机，则只需花上不到3个小时!

在量子计算机面前，我们曾经引以为豪的传统电子计算机，就相当于以前的算盘，显得笨重又古老。无论生产、科研还是日常生活，世界将会经历一场颠覆性改变。

量子计算机为什么计算能力超强？其原因在于量子计算机与传统计算机相比，所运用的原理和路径是完全不一样的。

现有传统电子计算机的运算单元，一个比特在特定时刻只有特定的状态，要么0，要么1。量子计算机可以搞平行计算。这就相当于，一台计算机一下子化身成千千万台台计算器，同时开工做算术题。量子计算机利用量子特有的“叠加状态”，采取并行计算的方式，终极目标可以让速度以指数量级提升。

量子计算是一种遵循量子力学规律，通过调控量子信息单元进行计算的新型计算模式。对照传统的通用计算机，其理论模型是通用图灵机；通用的量子计算机，其理论模型是用量子力学规律重新诠释的通用图灵机。从可计算的问题来看，量子计算机只能解决传统计算机所能解决的问题，但是从计算的效率上，由于量子力学叠加性的存在，目前某些已知的量子算法在处理问题时速度要快于传统的通用计算机。

中国科学技术大学量子信息重点实验室首次研制出非局域量子模拟器，并且模拟了宇称时间（Parity-time，简称PT）世界中的超光速现象。这一实验充分展示了非局域量子模拟器在研究量子物理问题中的重要作用。量子模拟器是解决特定问题的专用量子计算机，这一概念最早由费曼于1981年提出。费曼认为自然界本质上是遵循量子力学的，只有用遵循量子力学的装置，才能更好地模拟它，这个力学装置就是量子模拟器。目前，量子模拟器研究中，人们更多关注的是它的量子加速能力，通常情况下，一个量子模拟器所操控的量子比特数越多，它的运算能力就越强。

量子计算机的面世来得正是时候，5G技术已经成熟并运用，大数据也在蓬勃发展，人工智能来到了临门一脚的关口。当量子计算和人工智能结合在一起，将会有意想不到的结果。

一个“量子计算＋人工智能”时代，将比我们曾经最激进的想象，来得还要快得多。因为两者将出现正向回馈。

很可能，在不远的将来，人类在“量子计算机＋人工智能”面前就像蚂蚁面对人类一样无力和脆弱。

量子计算机有望以现有超级计算机数百万倍的速度进行复杂计算。通用量子计算机一旦实现，将对通信安全、导航、成像以及人工智能、生物制药、新材料研发等诸多领域产生颠覆性影响，带来国家安全和社会经济发展的极大变革。

近年来，世界科技强国开始高度重视量子计算研究，纷纷发布自己的量子信息科技战略，旨在抢占下一轮科技发展的制高点，争取早日实现“量子优势”。当前，量子计算研究进入爆发期，并开始进入了实际应用。

美国是最早将量子信息技术列为国防与安全研发计划的国家。早在 2002 年，美国国防部高级研究计划局（DARPA）就制定了《量子信息科学与技术规划》，并于 2004 年发布 2.0 版，给出了量子计算发展的主要步骤和时间表。2008 年，DARPA 斥巨资启动名为“微型曼哈顿计划”的半导体量子芯片研究计划，甚至将量子计算研究上升为与原子弹研制同等重要的高度。

近年来，随着中国等国家在量子信息技术领域的快速进步，美国愈发重视量子信息技术的发展。2016 年 7 月，美国国家科学技术委员会发布《推进量子信息科学：国家的挑战与机遇》报告，认为量子计算能有效推动化学、材料科学和粒子物理的发展，未来有望为人工智能等诸多科学领域带来颠覆性变革。2018 年 6 月，美国众议院科学委员会高票通过《国家量子倡议法案》，计划在 10 年内拨给能源部、国家标准与技术研究所和国家科学基金 12.75 亿美元，全力推动量子科学发展。

作为量子理论的发源地，欧洲高度重视量子信息技术对国家安全、经济发展等方面的影响，投入众多资源大力发展相关技术。2005 年，欧盟发布“第七框架计划”并提出专门用于发展量子信息技术的“欧洲量子科学技术计划”和“欧洲量子信息处理与通信计划”，成为继欧洲核子中心、航天技术中心的建设后，欧洲各国又一次大规模国际合作。

2016年3月，欧盟委员会发布《量子宣言》，计划斥资10亿欧推动量子技术期间计划，旨在培育形成具有国际竞争力的量子工业，确保欧洲在未来全球产业蓝图中的领导地位。这份宣言中推出的“量子技术旗舰计划”聚焦在量子通信、量子传感器、量子模拟器和量子计算机4个细分领域，分别开展短、中、长期研究。

英国一直以来高度重视量子信息科学的基础研究，基于前期研究成果，近年来正逐步向基础研究和商业应用并重转变。2015年，英国政府发布了量子技术国家战略和量子技术路线图，将量子技术发展提升至影响未来国家创新力和国际竞争力的重要战略地位。“路线图”给出量子计算机、量子传感器和量子通信在内的每项量子技术可能的商业化时间和发展路线图。

2016年12月，英国政府科学办公室发布量子技术报告《量子技术：时代机会》，提出建立一个政府、产业、学界之间的量子技术共同体，使英国能在未来的量子技术市场中抢占世界领先地位，实质性地提高英国量子产业的价值。

此外，日本、韩国、新加坡等科技强国均发布了自己的量子信息科学发展计划。目前，日本、韩国、新加坡将研究重点放在量子通信上，在量子计算研发等方面均有所涉猎。

20世纪90年代，全球量子计算领域研究开始进入快速增长期，各国开始在量子信息领域投入科研经费。此后，量子算法Shor算法和Grover算法、量子电路基本逻辑门相继被提出，量子纠错研究开始兴起，推动量子计算进入可工程化阶段。1990—2017年期间，量子计算领域论文年年均增长量超过10%。从SCI论文总量上看，美国以8492篇的总量稳居第一梯队，数量超过第二、三名之和，占全球量子计算论文发表总量的31%。中国、德国分别以4573篇、3325篇的总量分列第二和第三名，全球论文占比均超过10%，位列第二梯队。英国、日本、加拿大、意大利、法国和澳大利亚发表的论文数量均超过1000篇，位列第三梯队。从顶尖科研机构上看，全球论文发表数量前20的量子计算研究机构中，中国占据3席，分别为中国科学院（第三）、中国科学技术大学（第七）和清华大学（第十七）。相比之下，美国顶尖的量子计算研究机构多达7个，欧盟境内的顶尖研究机构多达6个。此外，俄罗斯、加拿大和新加坡各占据1席。从顶尖学者上看，中国籍或华人科学家占据了论文发表数量前20名榜单的近一半。华人科学家在量子计算领域的贡献占比不断攀升，这不仅推动了国内量子信息科技的发展，也提升了中国在量子计算领域的国际话语权。

量子雷达

量子雷达利用量子态作为信息载体，能有效降低系统功耗，可应用于多种轻型平台；以量子态作为接收对象，可以丰富探测手段，提高对目标的探测性能。因此，利用量子态所具有的特性，有望解决传统雷达在低可见目标检测、电子战条件下的生存、平台载荷限制等诸多瓶颈问题，从而全方面提升雷达的各项性能指标。量子雷达探测技术具有潜在的重要军事应用价值。

根据利用量子现象和光子发射机制的不同，量子雷达主要可以分为以下三个类别：

一是量子雷达发射非纠缠的量子态电磁波。发射机发射单光子脉冲操询目标可能存在的区域，如果目标存在，则信号光子将以一定的概率返回至接收机处，通过对返回光子状态的测量可以提取出目标信息。

二是量子雷达发射纠缠的量子态电磁波。其探测过程为利用泵浦光子穿过BBO晶体，通过参量下转换产生大量纠缠光子对，各纠缠光子对之间的偏振态彼此正交，将纠缠的光子对分为探测光子和成像光子，成像光子保留在量子存储器中，探测光子由发射机发射经目标反射后，被量子雷达接收，根据探测光子和成像光子的纠缠关联可提高雷达的探测性能。与不采用纠缠的量子雷达相比，采用纠缠的量子雷达分辨率以二次方速率提高。

三是雷达发射经典态的电磁波。在接收机处使用量子增强检测技术以提升雷达系统的性能，目前，该技术在激光雷达技术中有着广泛的应用。

量子雷达世界各国对此也都有研究，而且技术发展较快。2008年美国麻省理工学院的劳埃德（Seth Lloyd）教授首次提出了量子远程探测系统模型——量子照射雷达，从理论上证明了量子力学可以应用于远程目标探测。2012年，东京大学的两位教授采用超导回路，取得了微波频段单光子态和压缩态产生与接收技术的新突破。2013 年，意大利的科学家首次用实验方法实现了量子照射雷达，该实验基于光子数关联，验证了劳埃德提出的量子照射雷达模型探测在高噪声及高损耗时依然有目标探测能力。2015 年，德国亚琛工业大学的巴赞耶（Shabir Barzanjeh）等对微波量子照明探测进行了深入研究。

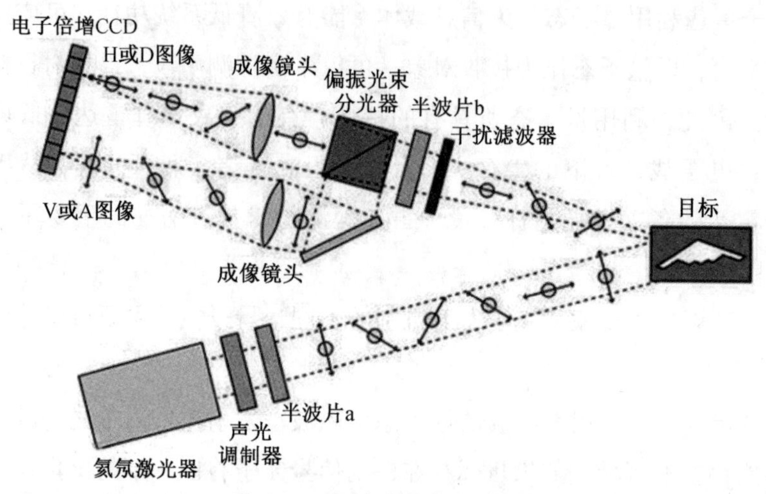

图 4-21　一种量子雷达原理图

中国已成功研制基于单光子检测的量子雷达系统，并具备了量子雷达系统设计、系统研制以及实验验证的能力，为后续研究发展奠定了重要的理论和实验基础。我国 2015 年完成量子雷达原理样机研制后，在西北高原开展了远程探测试验，一举突破同类雷达的探测极限，在国际上首次实现量子层次的远程雷达探测，完成了量子探测机理、目标散射特性研究以及量子探测原理的实验验证，并且在外场完成真实大气环境下目标探测试验，实现了百公里级探测威力，探测灵敏度极大提高，指标均达到预期效果。该量子雷达能够在白天工作，跟踪慢速运动目标，并实现日间海面环境下的远距离探测试验。2016 年，美国智库 CAPS 指出，中国在量子雷达样机的远程试验领域走在了世界前列。

4. 空间科学与应用技术

空间激光通讯链路

2016 年，中国科学院研制的相干激光通信载荷搭载首颗量子科学实验卫星发射升空，这是我国首次开展的星地高速相干激光通信试验，也是世界首次1550纳米波段相干激光通信在轨试验。在轨测试的完成表明该载荷已具备持续开展双向激光通信实验的能力，对我国高速相干激光通信技术来说具有里程碑意义。

激光通信是一种利用激光传输信息的通信方式。相干激光通信技术具有接收灵敏度高、可全天时工作等特点，是未来空间高速通信组网的重要手段，可克服高分辨率成像卫星等数据传输有限的瓶颈，特别适用于空间超远距离（数万公里）卫星间的高速激光通信。

相比第一代的每秒几十、数百兆比特速率的直接探测激光通信技术，第二代的空间相干激光通信技术速率可达到每秒数吉比特，乃至数十吉比特，是国际上高度关注的前沿高科技技术。

在这之前，欧美等发达国家已投入大量人力物力开展激光通信技术研究。2007年，欧空局率先与美国合作，在两颗卫星之间，采用1064纳米波段、多路复接方式实现了5.6 Gb/s的相干激光通信。2013年，美国宇航局在月球和地球之间建立了激光链路，演示激光通信的下载和上传数据的能力。2014年6月6日，美国航天局宣布利用激光束把一段时长37秒的高清视频，从国际空间站传输到地面，只用了3.5秒，而传统技术下载需要至少10分钟。2015年，欧空局又实现了低轨与高轨卫星之间的相干激光通信，通信速率达到1.8 Gb/s，开辟了利用相干激光通信进行数据中继的先河。

实验室天体物理研究

用激光等离子体相互作用对天体物理过程进行模拟研究已成为当前世界物理和天文学家深感兴趣的重要前沿领域。美国劳伦斯利弗莫尔国家实验室使用超强激光模拟行星内核，相当于每平方厘米上集中了5100万千克的连目前最硬的钻石也无法应对的强大激光。如此压力可以模拟出巨行星内部的极端环境，比如木星、超级地球核心压力（见图4–22、图4–23、图4–24）。

中国科学院在“神光Ⅱ”装置上开展的实验中，在实验室成功观测到了与太阳耀斑中环顶X射线源极为相似的实验结果，发现两个系统的各项物理参数是惊人的相似（见图4–25）。

图 4-22　劳伦斯利弗莫尔国家实验室超强激光模拟行星内核

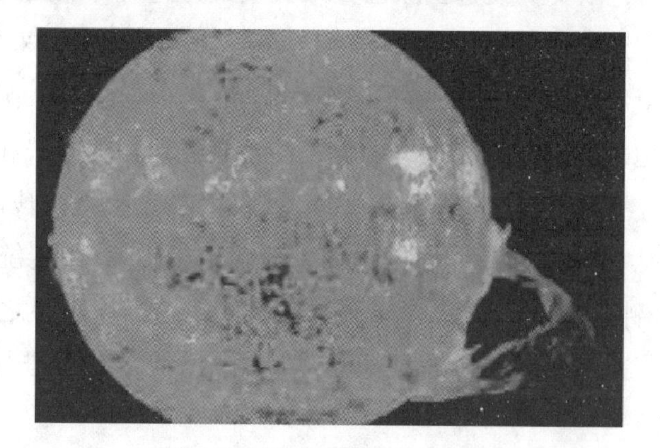

图 4-23　引力约束的恒星照片

图 4-24　激光产生的人造恒星照片

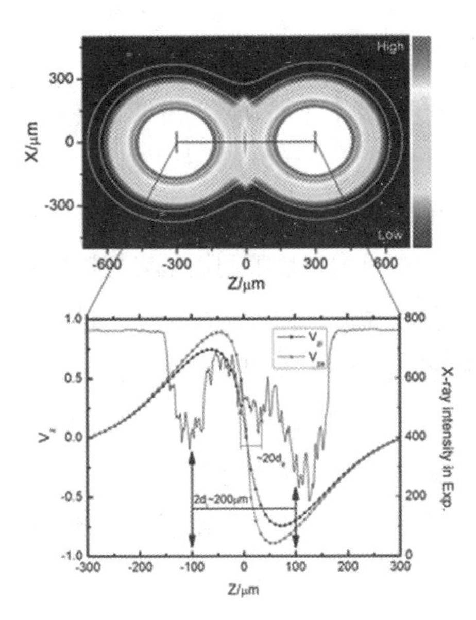

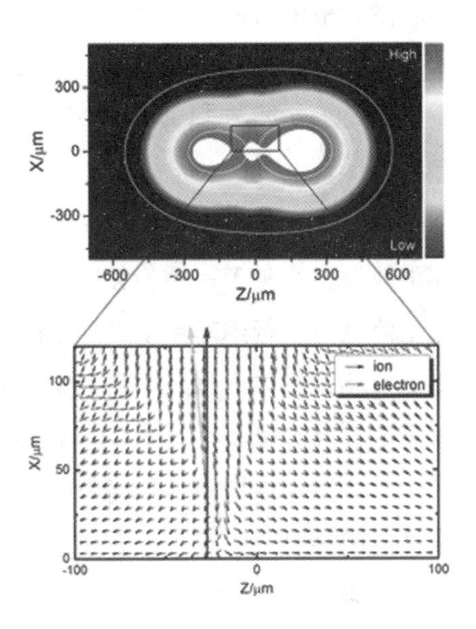

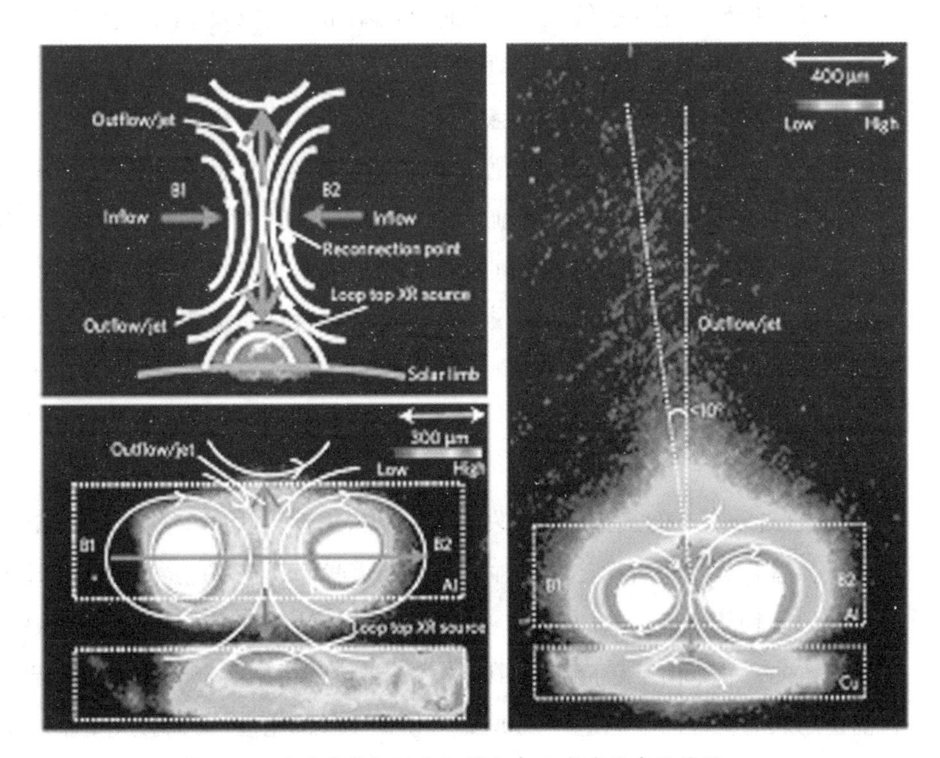

图 4–25　实验室模拟的太阳耀斑中 X 射线源实验结果

激光精密测量

2016年9月由中国科学院牵头负责的载人航天工程空间应用系统在“天宫二号”上开展了14项体现国际科学前沿和高技术发展方向的空间科学与应用任务，其中包括世界首台太空运行的冷原子钟。

在载人航天工程总体领导下，中国科学院上海光机所研究团队经过十余年的攻关，突破了一系列关键技术。在空间微重力环境下利用激光把铷原子温度降低到接近绝对零度，利用激光和高精度微波场对制备的冷原子进行操纵和探测，提取出铷原子高稳定的能级跃迁频率作为高精度原子钟信号，在国际上首次实现冷原子钟的在轨稳定运行。

冷原子钟是把原子某两个能级之间的跃迁信号作为参考频率输出信号的高精度时钟，同时利用激光使原子温度降至绝对零度附近，使原子能级跃迁频率受到更小的外界干扰，从而实现更高精度。在微重力环境下运行高精度原子钟则具有更重要意义，不仅可以对基本物理原理开展验证实验，也可发展更高精度的导航定位系统。在存在地球辐射带干扰以及空间环境复杂的情况下，稳定运行一台精密的空间冷原子钟具有极大挑战。

由于空间冷原子钟可以在太空中对其他卫星上的星载原子钟进行无干扰的时间信号传递和校准，从而避免大气和电离层多变状态的影响，使得基于空间冷原子钟授时的全球卫星导航系统具有更加精确和稳定的运行能力。空间冷原子钟的成功应用，将为空间高精度时频系统、空间冷原子物理、空间冷原子干涉仪、空间冷原子陀螺仪等各种量子敏感器奠定技术基础，并且在全球卫星导航定位系统、深空探测、广义相对论验证、引力波测量、地球重力场测量、基本物理常数测量等一系列重大技术和科学发展方面作出重要贡献。

“天宫二号”空间实验室成功发射并顺利进入运行轨道。它搭载了我国研制的世界首台太空运行的冷原子钟。大家知道我们现在用的原子钟基本上都是与冷原子钟相对应的热原子钟。热原子钟最初是被物理学家发明出来用来探索宇宙的，后来由于它精确的时间体系，被广泛运用于全球的导航系统上。目前用的热原子钟已经能达到2000万年误差1秒的精度，为航天、航海、航空等提供了强有力的保障。而我国最新研制的空间冷原子钟将这个时间精度又提高了1—2个数量级。利用太空中的微重力环境可以减少外界环境对冷原子钟的干扰，大大提高冷原子钟的稳定性。空间冷原子钟还可以在太空中对卫星中的星载原子钟进行矫正，能够大幅度地提高北斗卫星定位系统的精确度。冷原子钟的出现得益于激光冷却原子技术的发展，利用激光将原子温度瞬间冷却到绝对零度附近，减少外界环境对原子的跃迁频率的干扰，提高时间测量的精度。虽然目前地面上的冷原子钟时间精度可达到3亿年误差1秒；但“天宫二号”搭载的冷原子钟实验成功，表明我国实现了冷原子钟的在轨正常稳定运行，这在国际上是首例，也说明了我国对天基冷原子传感器的研究走在了世界的前列。或许对大多数人而言这并没有什么意义，但对国家而言，这个进步意味着很多原来并不能进行的实验已经可以开始着手，并能够大幅度提高实验结果的精确度。

由“天宫二号”所搭载的空间冷原子钟在轨运行几年来，状态良好，性能稳定，完成了全部既定在轨测试任务，成功验证了在空间环境下高性能冷原子钟的运行机制与特性，同时实现了优于3000万年误差1秒的超高精度，

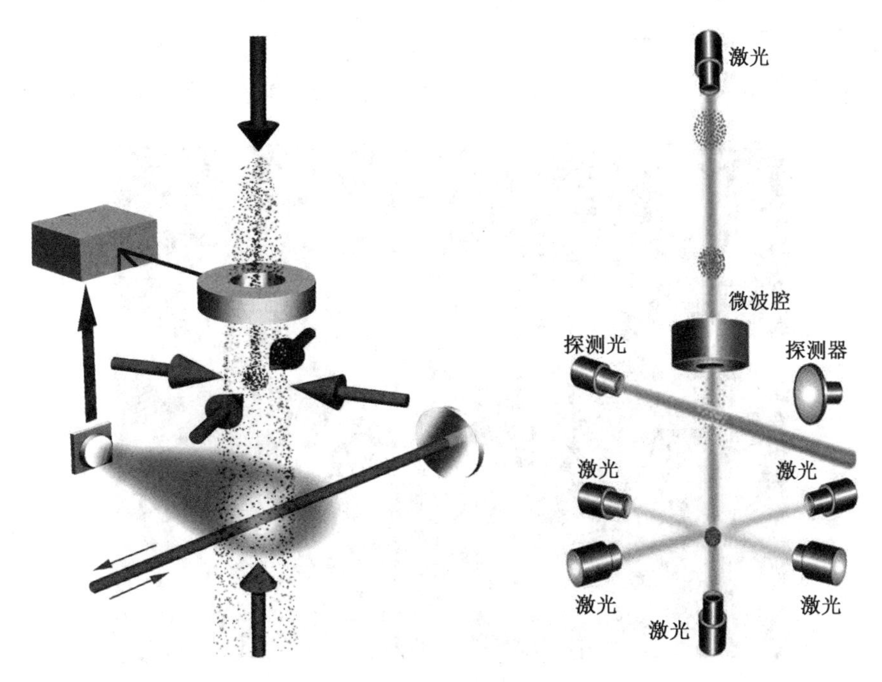

图4-26　空间冷原子钟的结构组成

将目前人类在太空的时间计量精度提高1—2个数量级，是基于冷原子的空间量子传感器领域发展的一个重要里程碑。此外，空间冷原子钟相关技术还将会应用于在空间量子传感器等多个领域。

激光推进器与宇宙航行

物理学家认为，要想把人类送到最近的恒星际空间，现有的推进技术几乎是不可能的。他们认为，这一难题的答案可能在于光子推进，即利用激光产生推进力。所有的飞船都需要点燃推进剂，而传统的推进剂就是燃料，光子推进则是利用激光阵列，不需要飞船自身携带推进燃料，就可以让飞船飞得更远、速度更快。

激光推进是利用远距离高能激光加热气体工质，使气体热膨胀产生推力，推动飞行器前进的新概念推进技术（见图4-27）。具有比冲高、有效载荷比大、发射成本低等优点，可成为新时期空间推进体系中低成本、高可靠、快速机动进入空间动力技术的备选方案。可广泛用于微小卫星近地轨道发射、地球轨道碎片清除、微小卫星姿态和轨道控制等。当应用于近地轨道发射时，可使发射成本降低到每千克几百美元，远低于目前化学火箭每千克上万美元的成本，因而受到各国广泛关注。从1972年提出激光推进的概念以来，人们就一直期望将激光束用于推进飞行器，取代传统的火箭发动机的化学推进。

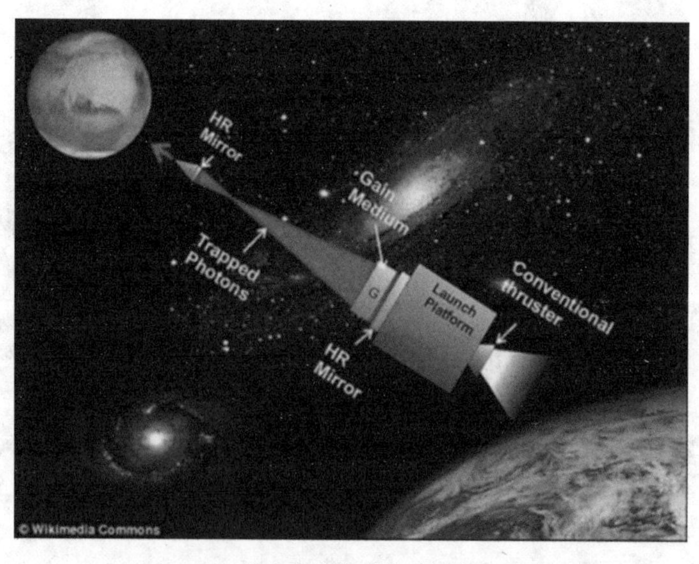

图4-27　激光产生推进力（概念示意图）

2000 年 10 月，美国莱克·米拉波（Leik N. Myrabo）教授利用单脉冲能量为 1 千焦，重复频率为 10 赫兹的二氧化碳脉冲激光器，将直径为 1212 厘米，重 50 克的飞行器发射到 71 米的高度（见图 4-28）。

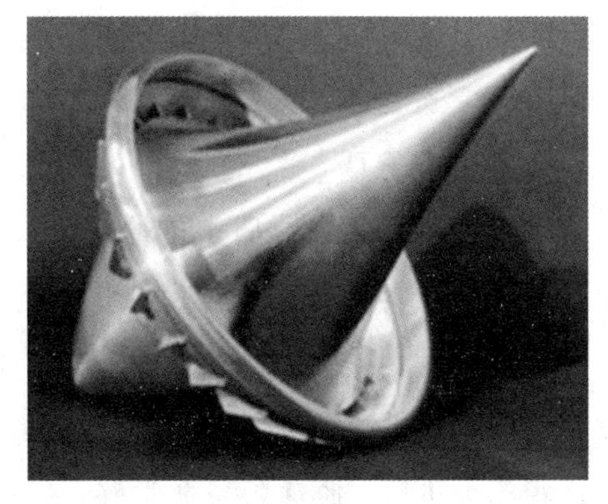
图 4-28　早期激光推进器模型

2009 年 8 月，据美国太空网报道，美国科学家进行了一系列的激光推进实验，有望引发一场利用激光作为推进动力的飞行器革命。借助于激光推进客机，乘客从地球一端到另一端所需要的时间只有不到一小时。

激光推进火箭，听上去就像科幻小说里的宇宙飞船乘着激光束进入太空。它只需少量或无需装载推进剂，而且还无污染。这似乎不可思议，因为人类尚未研制出任何与之相近的设备可用于地球上常规的地面或空中旅行。尽管实现这一目标可能还需要 15—30 年，但建造光船的原理已经成功实验了多次。

我国在 2012 年由科技部批准立项建设激光推进及其应用国家重点实验室，是我国首个激光与航空航天交叉领域的实验室。我国由此开始大力发展激光推进相关技术研究，逐步形成了激光推进应用基础、等离子体流动控制与推进技术、推进流场测试和诊断技术三个研究方向，并实现了部分研究成果的转化应用。

5. 激光聚变新能源

高功率激光系统的研制和发展将使得激光聚变能源成为可能，通过核聚变获得清洁能源是人类长期努力的目标。核聚变主要有磁约束和惯性约束两种主要技术途径。惯性约束聚变中以“高功率激光驱动”的惯性约束聚变（即激光核聚变）的研究较为成熟。激光聚变能越来越受到人们的关注。

在美国，劳伦斯利弗莫尔实验室在 2008 年提出了激光惯性聚变 / 裂变能电厂原型机设计概念，并于 2009 年 9 月发表的声明称：如果资金足够，激光惯性聚变 / 裂变能电厂原型机将会 15 年内运行。

在我国，基于我国相关研究基础，经过努力，中国有希望在 2030 年前建立激光驱动次临界反应系统核能发电示范装置（简称 LDS）。

6. 激光医疗

激光质子刀

高能质子束在物质中传输时呈现出独特的“布拉格峰”现象，即质子在传输路径上损失能量很少，能量主要沉积在末端。因此采用高能质子束治疗体内癌症时，在杀死癌细胞的同时，能很好地保护健康细胞，这种治疗手段被称为质子刀（见图 4–29）。基于传统加速器的质子刀肿瘤治疗在国内外都已取得很大进展。临床效果非常好，但缺点是治疗费用十分昂贵，难以普及。

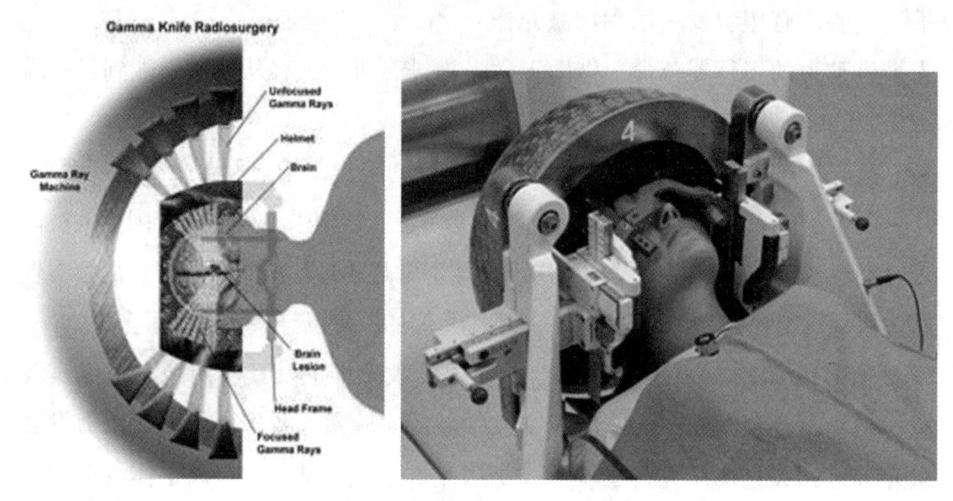

图 4–29　激光质子刀治疗示意图

激光技术的发展，将为低成本普惠医疗带来全新机遇，例如制造低成本高端医疗装备。中国科学院强场激光物理国家重点实验室近期在激光质子刀的研究中取得了重要进展。科研人员利用拍瓦级超强超短激光脉冲轰击纳米厚度薄膜靶，获得了大流强、准单能的高品质质子束，质子能谱峰能量达到 9 兆电子伏特，峰值流强高达 3×10^{12} 质子 / 兆电子伏特 / 立体角（protons/MeV/sr）。这一结果代表着激光驱动的质子刀实现技术方案向前迈出了关键一步。

超强超短激光驱动的以等离子体为工作介质的高能质子加速器，由于其加速梯度（单位长度内粒子获得的能量）远大于传统加速器，大大缩小了加速器的空间规模，从而有望减少治疗费用，服务于大众，成为新一代质子刀，即激光质子刀。由于用于肿瘤治疗的质子刀，应满足能量高、准单能、流强大等条件，激光质子刀研究虽已有近二十年时间，并取得了很多理论和实验进展，但同时满足这些条件还有很大困难，其实际应用受到制约。中国科学院的激光科研人员提出的激光驱动的质子刀方案能产生这种高品质高能质子束，满足质子刀肿瘤治疗的要求。

激光介入和间质内治疗

我们知道，外科治疗是靠暴露人体器官进行手术来完成的；内科治疗要靠人服药；而介入治疗呢，不像完全打开的那种暴露、开放式的手术，同时，也不是靠药物来治疗，它介乎于二者之间，所以有人给它命名为介入治疗。“介入治疗”就等于“不用开刀的手术”，它被喻为21世纪外科医疗发展方向之一，是电子显示系统与高科技手术器械以及传统外科手术相结合的前沿技术。而激光在激光手术治疗上的成功经验及其可通过光纤传送的特点，使激光成为“介入治疗”一个极好的“候选者”。例如，长期以来，三维牵引、推拿、针灸理疗等保守治疗一直被应用于颈、腰椎疾病的治疗中，但只能暂时缓解症状，不能根治，而开放性手术治疗存在创伤大、恢复时间长、术后脊椎不稳等缺点，术后还可能伴有粘连及瘢痕等所致的神经痛。目前，一种不开刀的激光微创介入治疗方式被引入治疗颈、腰椎疾病，这一技术开启了骨科微创技术的新篇章。

激光内镜治疗

医用内窥镜是一种光学仪器，它由体外经过人体自然腔道送入体内，对体内疾病进行检查，可以直接观察到脏器内腔病变，确定其部位、范围，并可进行照相、活检或刷片，大大提高了癌的诊断准确率（见图4–30）。长期以

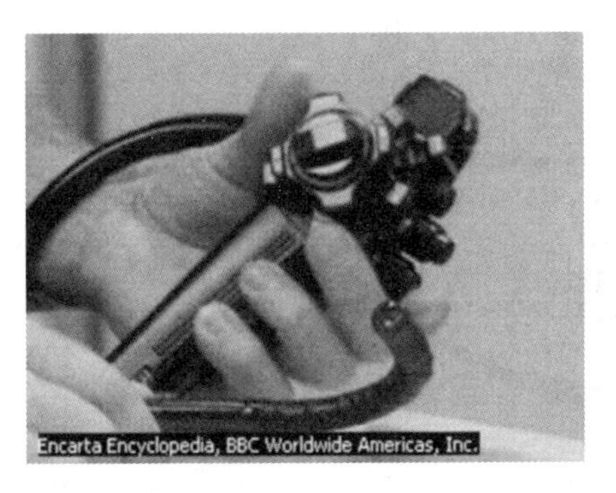

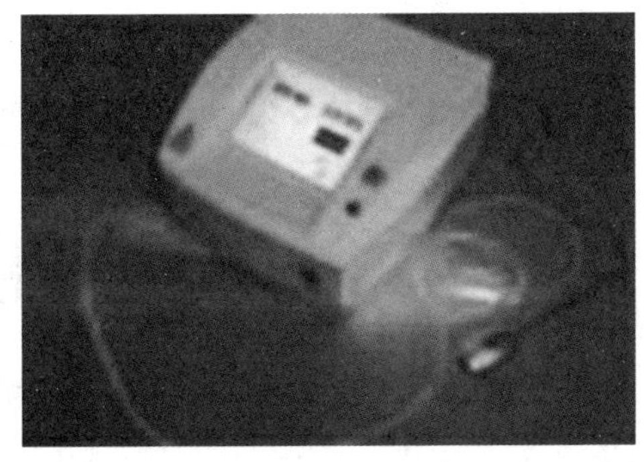

图4–30　激光内窥镜

来，内窥镜只是用于“看”，而不是“治疗”或“测量”。无论是何种医用内窥镜，其能观察到的部位的图像必须清晰、准确。随着激光技术、计算机技术和图像处理技术的发展，目前的医用内窥镜已经可以真正实现观察、治疗和测量“三合一”的优势。与光纤传送的激光结合起来的医用内窥镜现在已在医院里广泛应用于消化科、肺科、五官科、妇科等医学检查和治疗。

激光光动力学疗法

光动力作用是指在有光敏剂参与和光作用的情况下，产生一种有氧分子参与并伴随生物效应的光敏化反应。光敏剂吸收光子后被激发，将吸收的光能传递给分子氧，产生非常活泼的氧和（或）自由基，可氧化多种物质大分子，使有机体细胞或生物分子发生机能或形态变化，严重时会损伤和破坏组织、细胞，最终导致肿瘤细胞及增殖旺盛的细胞死亡和（或）凋亡。在这过程中，光敏剂是被激发后本身又能回到基态的物质。在化学上称这种作用为光敏化作用，在生物学及医学上称为光动力作用（见图 4-31）。用光动力作用治病的方法，称为光动力疗法。光动力疗法是以光、光敏剂和氧的相互作用为基础的一种新的疾病治疗手段，光敏剂（光动力治疗药物）的研究是影响光动力治疗前景的关键所在。

光敏剂是一些特殊的化学物质，其基本作用是传递能量。随着光敏剂在加拿大、欧盟、日本及韩国陆续被批准上市，该领域的研究、开发和应用迅

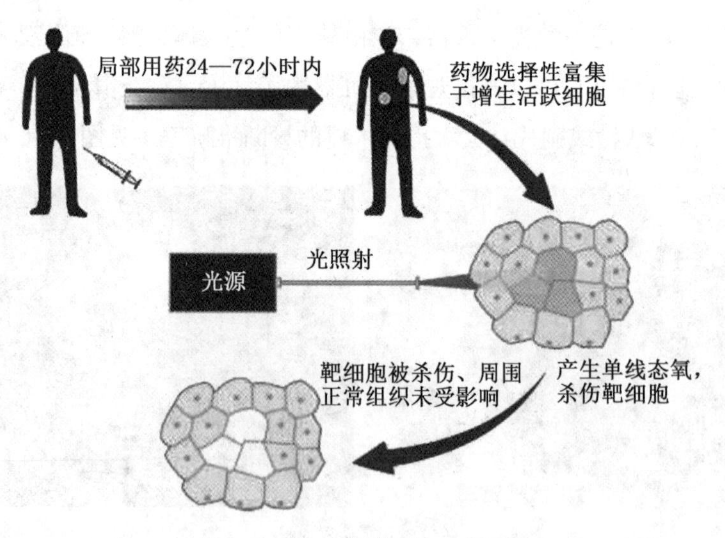

图 4-31　光动力学治疗示意图

速活跃起来。近年来，随着新的光敏药物的研发成功及激光技术的提高，光动力治疗又迎来了一个前所未有的发展高峰。国际上，已批准上市或正在临床研究的新的光敏剂近十种。同时也被用于非肿瘤型疾病，如尖锐湿疣、牛皮癣、鲜红斑痣、类风湿关节炎、眼底黄斑病变、血管成型术后再狭窄等疾病的治疗。

光动力疗法对不同细胞类型的癌组织都有效，适用范围宽；而不同细胞类型的癌组织对放疗、化疗的敏感性可有较大的差异，应用受到限制。癌细胞对光敏药物无耐药性，病人也不会因多次光动力治疗而增加毒性反应，所以可以重复治疗。它也是一种可姑息的治疗 对晚期肿瘤患者，或因高龄、心肺肝肾功能不全、血友病而不能接受手术治疗的肿瘤患者，光动力疗法是一种能有效减轻痛苦、提高生活质量、延长生命的姑息性治疗手段。它也可协同手术提高疗效。对某些肿瘤，先进行外科切除，再施以光动力治疗，可进一步消灭残留的癌细胞，减少复发机会，提高手术的彻底性；对另一些肿瘤，有可能先做光动力治疗，使肿瘤缩小后再切除，提高手术的成功率。

光动力治疗可消灭隐性癌病灶。临床上有些肿瘤，如膀胱移行细胞癌，在主病灶外可能有散在的肉眼看不见的微小癌巢，常规治疗手段只能去除主病灶，对隐性癌巢无能为力，但用光动力疗法采取全膀胱充盈后表面照射的方法，可消灭可能存在的所有微小病变，从而大大减少肿瘤复发的机会。此外，对于颜面部的皮肤癌、口腔癌、阴茎癌、宫颈癌、视网膜母细胞瘤等，它还可保护容貌及重要器官功能，应用光动力疗法可在有效杀伤癌组织的情况下，尽可能减少对发病器官上皮结构和胶原支架的损伤，使创面愈合后容貌少受影响，保持器官外形完整和正常的生理功能。

结语　激光让生活更美好

由激光的诞生与发展的历史我们可以看到，前瞻性的基础研究一旦突破，便会导致一系列新兴学科的产生。随着由激光催生的新学科的不断涌现和激光技术的不断发展，激光与光电子技术将成为具有活力的高科技基础产业技术，深入到各行各业。激光已为人类社会和世界经济的发展作出了重要贡献。

在互联网领域：几乎所有互联网上的信息传播都依赖于光纤激光通信，光纤网络使电信行业空前发展，地球村成为现实；空间和星际的激光高速通信正在实验中。

在激光加工领域：激光切割、焊接技术和增材制造广泛应用于汽车和飞机制造等高端制造领域，并在工业 4.0 智能制造中发挥重要作用；激光加工将成为通用的高端制造装备。

在医学领域：激光治疗眼疾，帮助预防失明和改善视力；医学检测所用的激光仪器提高了检测速度和精度；医学基础研究使用的激光扫描基因定序仪比传统方法要快几百万倍。

在信息存储和显示领域：CD 和 DVD 帮助实现大容量数据的存储；大屏幕、高亮度的激光电视也已开始量产成为商品，进入市场，仅就激光显示这一项，将达到千亿美元的产值。

在商务领域：激光条形码技术已成为现代零售流通领域的标准技术，激光使电子商务、网上交易更为便捷。

在科学、环境、能源和导航定位等领域：激光技术已用于聚变核能研究、环境监测，下一代高精度的全球定位卫星将使用激光冷却的原子钟，大大提高时间的精度与可靠性，使得有可能开展一些过去不能进行的精密测量实验。

在国家安全领域：激光作为武器，世界各军事强国都在花大力气加以研究；在激光制导、精准打击、侦察和光电干扰/光电对抗等武器的战术应用中，激光发挥了重要的作用，并在战场得到了实战检验，展示了前所未有的摧毁能力；在战略武器的应用中，科幻影片中激光武器攻击目标的情景不久就有可能实现。

总之，激光科学和技术的发展已对人类社会具有重大贡献，可以说是科技发展与国计民生融合的典范。短短的几十年中，激光已存在于现代人们生活的各个角落，激光已深入到了人类生活的方方面面。激光科学和技术的发展历史证明了只有将科学技术应用于国计民生、创造美好生活，才能实现科学技术的真正价值，并对其他领域产生持久的推动力。激光科学和技术未来的发展还将不断印证这一点。

激光让生活更美好！